市政工程与道路桥梁建设

常　新　李建波　王晓琳　主编

吉林科学技术出版社

图书在版编目（CIP）数据

市政工程与道路桥梁建设 / 常新，李建波，王晓琳
主编 . -- 长春：吉林科学技术出版社，2020.8
　　ISBN 978-7-5578-7222-9

　　Ⅰ . ①市… Ⅱ . ①常… ②李… ③王… Ⅲ . ①城市道
路—道路工程—工程项目管理—研究②桥梁工程—工程项
目管理—研究③市政工程—工程项目管理—研究 Ⅳ .
① U4 ② TU990.05

　　中国版本图书馆 CIP 数据核字 (2020) 第 074888 号

市政工程与道路桥梁建设

主　　编	常　新　李建波　王晓琳
出 版 人	宛　霞
责任编辑	端金香
封面设计	李　宝
制　　版	宝莲洪图
开　　本	16
字　　数	260 千字
印　　张	11.75
版　　次	2020 年 8 月第 1 版
印　　次	2020 年 8 月第 1 次印刷
出　　版	吉林科学技术出版社
发　　行	吉林科学技术出版社
地　　址	长春净月高新区福祉大路 5788 号出版大厦 A 座
邮　　编	130118

发行部电话 / 传真　0431—81629529　　81629530　　81629531
　　　　　　　　　　　81629532　　81629533　　81629534

储运部电话　0431—86059116

编辑部电话　0431—81629520

印　　刷　北京宝莲鸿图科技有限公司

书　　号　ISBN 978-7-5578-7222-9

定　　价　50.00 元

前　言

　　一个城市的基础市政工程设施的优良性是城市健康发展与否的重要判断标准之一，它也能从整体上体现出城市的文化和精神，同时是广大城市市民的和谐城市生活的物质基础。市政工程从广义上来说可以分为城市建设公用设施工程、城市排水设施工程、道路照明设施工程、道路及其设施工程、桥涵设施工程和防洪设施工程等。自进入 21 世纪开始，全国各地都大力进行基础建筑建设，各大建筑工程的开发施工，对国民经济的稳定发展提供了强大的推动作用，为我国的经济可持续科学增长起到了非常关键的作用，也大大地加快了又好又快的全面建设社会主义小康社会的进程。

　　本书从十章内容对市政工程与道路桥梁建设进行详细的分析，对目前我国市政工程存在的问题进行研究，提出解决措施，希望对相关工作人员及项目能有一定的帮助。

目　录

第一章　市政工程管线规划 ……………………………………………… 1

　　第一节　管线综合规划相关概念 ……………………………………… 1

　　第二节　市政工程管线综合规划步骤 ………………………………… 4

第二章　市政工程给排水工程 …………………………………………… 20

　　第一节　市政工程给排水规划设计 …………………………………… 20

　　第二节　市政给排水施工技术 ………………………………………… 22

　　第三节　市政给排水工程施工管理 …………………………………… 24

第三章　市政道路施工建设 ……………………………………………… 27

　　第一节　市政道路路基施工技术 ……………………………………… 27

　　第二节　市政道路路面施工技术 ……………………………………… 31

　　第三节　市政道路养护维修的技术 …………………………………… 39

第四章　市政道路工程项目质量管理 …………………………………… 42

　　第一节　市政道路工程质量管理概述 ………………………………… 42

　　第二节　市政道路工程质量策略 ……………………………………… 47

　　第三节　市政道路工程质量控制 ……………………………………… 48

　　第四节　市政道路工程质量管理中的政府监控 ……………………… 54

第五章　市政桥梁施工建设 ……………………………………………… 58

　　第一节　设计的安全性与耐久性 ……………………………………… 58

　　第二节　施工作业的特点和管理 ……………………………………… 60

　　第三节　桩基施工技术 ………………………………………………… 63

　　第四节　预应力施工技术 ……………………………………………… 65

　　第五节　钻孔灌注桩施工技术 ………………………………………… 67

　　第六节　现场施工技术 ………………………………………………… 70

　　第七节　结构裂缝及加固技术处理 …………………………………… 72

　　第八节　箱梁施工技术 ·· 75

第六章　市政桥梁施工机械化及智能化控制 ······························ 79

　　第一节　桥梁机械化与智能化施工控制现状 ·························· 79

　　第二节　桥梁机械化施工 ·· 81

　　第三节　桥梁智能化施工 ·· 88

　　第四节　桥梁机械化与智能化施工管理与控制 ······················ 96

第七章　市政隧道工程施工 ·· 106

　　第一节　城市隧道工程测量技术 ···································· 106

　　第二节　城市隧道工程地下防水施工技术 ···························· 108

　　第三节　城市隧道工程盾构施工 ···································· 110

　　第四节　城市隧道施工风险与控制 ·································· 113

第八章　市政绿化工程 ·· 118

　　第一节　市政园林绿化工程项目质量管理 ···························· 118

　　第二节　市政园林绿化工程质量管理对策 ···························· 124

　　第三节　市政绿化工程的施工与养护管理 ···························· 134

第九章　市政公共交通设施 ·· 138

　　第一节　城市公共交通设施布局与利用效率的研究基础 ·············· 138

　　第二节　公共交通设施在城市系统中的功能及其影响因素 ············ 142

　　第三节　城市公共交通设施布局与利用效率的状况 ·················· 148

　　第四节　城市公共交通设施布局结构的优化与高效利用措施 ·········· 152

　　第五节　公共交通设施布局优化与高效利用的保障体系建设 ·········· 159

第十章　城市市政基础设施建设 ·· 163

　　第一节　相关概述与理论基础 ·· 163

　　第二节　我国城市基础设施建设可持续发展现状及问题 ·············· 169

　　第三节　提高我国城市基础设施建设可持续发展水平的对策 ·········· 175

结　语 ··· 181

第一章　市政工程管线规划

第一节　管线综合规划相关概念

一、市政工程管线的概念

市政工程管线是城市信息流、能源流的输送载体。一般来说有给水管线、排水管线 /
管沟、电力电缆和管线、燃气管线、通信管线等。

市政工程管线综合规划工作必要的前期准备动作是对种类多样、规格繁杂的各专业管
线进行有效的识别，并对其进行分类。本节按照管线性能和用途、输送方式、敷设方式和
弯曲程度将市政工程管线分为若干类型。

1. 按市政工程管线的性能和用途进行分类

（1）给水管线：一般又分为工业、生活、消防等类别；

（2）排水管线：一般根据污废水的来源分为雨水排水管线、生活污水、工业污水和废水、
地下水排放等管线；

（3）电力管线：一般有输电管线、配电管线、工业用电、生产用电等；

（4）燃气管线：根据输送介质分为天然气、煤气、液化石油气管线等；

（5）热力管线：又称供热管线，包括蒸汽、热水等管线；

（6）通信管线：包括有线电话、电报、有线广播，有线电视等线路。

以上为城市建设中常见管线，除此之外，还有一些不常见的管线，如中水管线、空气
管线、液体燃料管线、灰渣管线等。这些管线的建设需求来源于政府部门、居住小区或企
业生产的特殊要求。

2. 按市政工程管线输送方式分类

因为市政工程管线承担输送任务的方式有不同，根据其内部是否承受压力，管线又可
分为压力管线和重力自流管线。

压力管线是指通过外部加压设备对管道内流体介质进行施压的方式，使介质最终输送
到用户端。压力管线较为常见，给水管线、燃气管线、热力管线、灰渣管线等均为压力管线。

与压力管线不同，重力自流管线中的介质通过重力作用流动，按照管线设置的方向输送到用户端。雨/污水排水管线就是重力自流管线，该类管线在敷设中需要进行水力计算得出相应高程，有时候还需要在中途提升设备以便将介质输送到用户端。

3. 按市政工程管线敷设方式分类

按照管线敷设的方式管线可分为架空管线、地铺管线和地埋管线。

架空管线是指通过地面上设立的设施将管线支撑在空中的工程管线，如架空电力线，架空电话线等。因为架空管线的安全性和美观性较低，目前在城市里的应用越来越少。地铺管线指地面明沟或盖板明沟，如雨水沟渠、灌溉沟渠等，另外各种轨道也属于地铺管线。

地埋管线指在地面以下有一定覆土深度的工程管线，因为管线的美观性和安全性能够得以保障，城市新规划的市政工程管线多采用地埋管线的形式。根据覆土深度不同，地埋管线又分为深埋管线和浅埋管线两类，覆土深度大于1.5m的管线属于深埋管线，划分的依据主要是管线是否怕冰冻。给水、雨污水排水、煤气管线，属于深埋管线；热力管线、通信管线、电力电缆等不受冰冻的影响，属于浅埋管线。

4. 按市政工程管线弯曲程度分类

按照管线的可弯曲程度，可将管线分为可弯曲管线和不易弯曲管线。

管道的可弯曲性通常和管材相关。通信电缆和光缆、电力电缆属于可弯曲管线。与之相反，如果管线不易弯曲或采用强制手段容易导致管线损坏的，均属于不易弯曲管线。

由以上分类可以看出，市政工程管线具有种类繁多、隐蔽性强、技术复杂等特点。本书主要研究给水管线、排水管线、电力管线、燃气管线、热力管线、通信管线这六类常见的市政工程管线。通过规划设计，确定这些管线所组成的市政工程管网的布局和敷设、管线的输送量和输送负荷以及主要构筑物的位置，比如能源供应场站，如热电站、自来水厂、电厂、基站、污水处理厂等。

二、管线综合规划的概念

市政工程管线综合规划，就是对搜集到或重新编制的城市规划区域范围内的各专业管线的规划设计资料/图纸进行充分分析，按照各专业管线布置的规范要求及原理，充分考虑可行性和合理性，结合道路横、纵截面的特点及客观的自然条件和技术要求，在道路的地下空间范围内对管线进行统筹布置，使之能够在空间利用上达到更合理更经济更科学的布局，并且能够有效指导单项市政工程管线下阶段的设计、施工，以及后期的使用和运营维护。

管线综合规划的核心内容是管线平面和竖向空间的布置工作。这是衡量综合规划工作质量的重要依据，同时也是下一步各专业管线细化设计的依据。

市政工程管线综合规划的核心工作内容，一般有以下几个方面：

（1）确定各专业市政工程管线的干管走向，分析管线分布的经济性和合理性；

（2）确定市政工程管线在地下敷设时的排列顺序和管线间的最小水平净距、最小垂直净距。确定市政工程管线在地下敷设时的最大覆土深度；

（3）确定市政工程管线在架空敷设时管线及杆线的平面位置及周围建（构）筑物、道路、相邻工程管线间的最小水平净距和最小垂直净距；

（4）编制市政工程管线综合规划成果，包括总平面图纸、节点图纸和横断面图纸等。

三、国内外研究现状

（一）管线综合规划理论及技术的国外研究现状

国外大规模的市政工程管线建设起步较早，已有百年历史。在管线诞生和发展的最初阶段，管线的数量有限，种类也较少，对管线的规划和布置没有进行系统的研究。随着工业革命后城市发展日新月异，市政工程管线的管理要求不断提升，促使管线综合规划研究有了飞速的发展。

对市政工程管线理论研究，主要建立在经济学、社会学、管理学等多门学科的基础上。在识别市政工程管线的经济属性和社会属性的基础上，在盈利模式、管理架构、规划方法等各个方面逐渐形成了适用于市政工程管线的理论和做法。

在管线综合规划设计领域，不断发展成熟的数学分析技术被应用其中。通过应用恰当的数学分析工具对管线布局问题进行优化，实现了定性分析与定量分析的结合，保证成果的科学性和可操作性。

（二）管线综合规划理论及技术的国内研究现状

与欧美发达国家相比，我国对市政工程管线综合规划的研究和应用起步较晚，直到新中国建立之后，才真正出现市政工程管线技术的萌芽，且最早的研究都是对国外研究理论和实践的简单模仿。20世纪80年的改革开放推动了我国城市化进程的快速发展，对市政工程管线的发展也提出新的要求。在此背景下，国内的市政工程管线的理论和技术研究仍然建立在国外研究成果的基础上，在管理模式、经营模式、规划设计、信息化管理技术等多方面取得一定的理论成果，也形成了一些有效的管理方法。

在信息化技术应用层面，国产GIS平台相继研制成功，例如北京超图开发的SuperMapGIS、中地数码开发的MapGIS，已被国土资源、电子政务和公众服务、房产管理等多领域应用。此外，各大城市也相继尝试建立"数字城市"。广州在信息系统方面走在全国前列，率先建立了城市规划信息系统和地下管线信息系统。天津市也在2006年组建了地下空间规划管理信息中心，负责建立地下空间综合信息管理系统，将全市地下空间信息统一管理，并逐步建立地下空间信息共享平台，为城市建设和地下空间规划管理提供信息服务。

（三）研究现状评述

综合评价目前国内外在管线综合规划领域的研究成果和实践情况，国外在管线综合规划理论研究的各个领域均处于领先地位，并且将这些研究成果应用于实践当中，开发了一系列计算机软件，取得了不错的成效，为国内管线的综合建设和规划提供了参考。国内研究人员在管线综合规划理论研究上也积累了很宝贵的经验，并且随着诸多信息化技术和优化工具的开发利用，在管线的信息化管理和科学规划领域进行了实际工程试水，但这些技术在很多方面尚不成熟，需要进一步的研究和改进，才能真正应用到实际工程中。

现行的规划设计方法，通常依赖于规划设计单位以往操作经验和规划设计工作者的个人能力。有研究已经提出针对管线综合规划的优化方法，但多数方法均停留在理论研究层面，较少与工程实践相结合。

第二节　市政工程管线综合规划步骤

一、市政工程管线综合规划的原则

市政工程管线的综合规划对各管线施工图设计、建设和运营维护具有重大意义。管线综合规划的目的是合理开发、利用城市地下空间，协调各专业管线空间布局，避免管线之间、管线与建（构）筑物间产生干扰和影响，保障管线及建（构）筑物的安全和可靠。各专业管线在规划时，不仅要考虑遵循各管线自身的规范要求，更重要的是，必须考虑管线综合规划的原则和要求。根据管线综合规划的核心内容进行划分，综合规划的原则可以分为平面布置原则和竖向空间布置原则。

（一）平面布置遵循的原则

在管线综合规划工作中，需要遵循一定的布置原则及要求。其中平面布置应遵循如下原则：

1.各专业市政工程管线应当采用统一的坐标系统。市政工程管线作为城市基础配套的一部分，在进行综合规划时，采用的坐标系统需要与城市整体规划的坐标系一致。如果存在不同的坐标系统，则需要将坐标系统换算成一致的，避免发生无法衔接的情况。

2.充分利用现有管线。在进行综合规划时，首先考虑现存的管线资源能否被继续使用。如果现存的资源不能继续使用，或按照规划现有管线影响道路的拓宽、改线等，才考虑拆除、废弃或改造。

3.管线规划、建设应考虑当前需求和未来需求相结合。管线规划应遵循"统一规划、分期建设"的原则。随着企业生产发展和居民生活水平的提高，对市政工程管线的需求必然会增加。因此在进行市政工程管线的规划和建设工作时，不仅要考虑近期需求管线的位置布局，还要为未来可能新增的管线留下位置，实现地下空间的最大化利用。

4. 为节省建设成本及后期的维护维修费用，在保证日后使用和安全的前提下，管线长度应尽可能缩短。但同时，应避免凌乱布置带来的建设、使用、管理、维护的不便。

5. 市政工程管线应与道路红线或中心线平行敷设。为便于施工和日后检修，市政工程管线一般沿道路红线平行敷设在非机动车道、人行道和绿化带的下面。

如果以上空间无法排布所有管线，才考虑将埋深较深和检修频次小的管线，比如雨 / 污水排水管线布置在机动车道下面，但为保障管线的正常使用，应当尽量避免将管线敷设在汽车频繁碾压的地带下方。另外，为避免市政工程管线频繁穿过道路，管线的主干线应布置在分支管线多的一侧，如果管线不可避免的需要穿过道路，则需要采取一定措施保障管线的安全性。

另外，部分管线输送的介质可能会对建（构）筑物产生危害，应当尽量远离建（构）筑物，如燃气管线。埋深较深、检修周期长的管线也应当适当远离建（构）筑物。

6. 管线水平净距应满足规范要求。在进行管线综合规划的平面布置时，管线与管线之间，管线与建（构）筑物之间，其水平净距应当满足相关规范要求。根据工程实际情况，如果遇到无法满足规范要求的最小净距要求的情况，如道路宽度不够、现状管线影响等问题，可对净距进行适当调整。但需要采取必要的措施手段，以保障管线的安全性。为避免电磁干扰，电力管线与通信管线应相互远离，在实际工程中，可分别布置于道路的两侧。

7. 避开不良地质地段。各专业市政工程管线确定位置时，应尽可能避开不良地质地段，比如地震断裂带、淤泥沉积区、滑坡危险带、沉陷区、山洪峰口、地下水位较高等地段。

8. 当各专业市政工程管线在平面布置时发生矛盾，一般按照以下原则去处理：

（1）压力管线避让重力管线；

（2）分支管线避让主干管线；

（3）可弯曲管线避让不易弯曲管线；

（4）临时管线避让永久管线；

（5）管径较小的管线避让管径较大的管线；

（6）工程量小的管线避让工程量大的管线；

（7）检修频次低难度小的管线，避让检修频次高难度大的管线；

（8）新建管线避让已有管线。

（二）竖向布置遵循的原则

管线综合规划竖向空间的布置，一般需要遵循以下原则：

1. 竖向布置时尽量减小管线的埋深。为减少施工中土方工程量及施工难度，在符合各专业工程管线的最小埋深要求及管线运营要求的情况下，应当尽量减小管线埋深。并且，如具备施工条件，则可考虑管沟一次性开挖的可能性。

2. 各专业市政工程管线应当满足其相应的专业技术要求。

3. 在一些特殊情况下，应当采取相应的安全措施避免管线遭受机械损伤。

当市政工程管线敷设在地面荷载较大的路段下方时，为了防止大型运输设备车辆通过时对工程管线造成损伤，对于有可能会受到重压的局部部位，应当采取必要的加固措施。另外，为了便于市政工程管线投入使用后的维护维修，保证检修的进度，尽量减少对地面交通的影响，在管线规划时应尽量避免从场地中心或交通要道穿过。如果必须通过，应当设置防护管套，并且在两端设置检查井。

4. 各专业管线相交处的标高确认顺序。排水管线为重力自流管线，为保证管线内介质的正常运输，排水管线各管段的坡度以及管底的标高均经过专业计算确定。因此，在管线交叉处进行管线布置时，应当首先按照排水管线的计算标高，确定排水管线的位置，然后进行其他管线的竖向布置。如果竖向位置出现冲突，其他管线应该避让。一般情况下，排水管线放置在最底层，其他管线在排水管线上方穿过。如果出现排水管线上方空间有限，无法保证所有管线穿过的情况，则有两种方式解决：一是调整排水管线标高；二是从排水管线下方穿过，但需要采取一定的安全措施。

5. 遇到各专业工程管线交叉时，从地表向下，通常按照如下排列顺序进行排列：通信管线、电力管线、热力管线、燃气管线、给水管线、雨污水排水管线。在实际工程中，可根据项目具体情况进行一定调整。但无论怎样排列，均必须满足各专业管线各自的技术要求以及管线综合规划中对于垂直净距的要求。

6. 在经济以及技术条件允许的情况下，在一些路面交通繁忙、地下空间狭小、需设置的管线种类繁多的地段，可以采用共同沟的敷设形式，将部分管线纳入共同沟中。

二、市政工程管线综合规划工作步骤

市政工程管线综合规划工作的流程步骤，可被归纳为：收集资料、协调定案和编制成果。

（一）收集原始资料

作为一项涉及面非常广的综合性工作，市政工程管线综合工作在规划设计的过程中，需要结合城市/区域总体规划、城市定位和发展要求、地下空间规划、道路交通规划、管线专项规划，以及相关的各类政策和法规。因此，管线综合规划工作的基础就是收集各类原始资料，并且，只有全面、准确的收集各项相关信息的资料，才能进行相关的分析和整理，提升管线综合规划成果的质量，为后续深化设计提供帮助。

1. 编制依据及各专业工程管线的规范资料

包括规划区域及所在城市的总体规划及发展要求、交通规划、地形图、规划区域地下水位测量成果，以及国家建设规划主管部门以及当地的相关部门对于各专业工程管线规划的规范要求。

市政工程管线一般均敷设在道路下方空间。因此规划区域路网规划成果里，对于路网形状、道路宽度、各车道的设置以及道路的横断面布置形式等方面的设计，与管线综合布置紧密相关。道路下方空间的规模决定着市政管线的敷设规模和形式。

2. 自然地形资料

（1）项目区位及区域范围：项目所在位置、区域四至、区域范围。

（2）气候条件

①气温：一般需要收集规划区域和所在城市年平均气温、极端气温、冬季最大冻土深度等。

②风：一般需要收集主导风向（按季节分别收集）、风速、风频、风向玫瑰图，台风/龙卷风等。

③降水：一般需要收集年平均降水量、年平均降水天数、年最大降水量、汛期天数、湿度、蒸发量。

④日照：一般需要收集年平均日照时长、年日照百分率、四季日照情况。

（3）水文地质资料

①水文资料：一般需要收集地表水系及地下水系的种类、分布、流向、水质信息；地表水系的平均年径流量、年流量信息和水位信息；地下水的温度。

②地质及土壤资料：规划区域以及周边区域的地质构造、土壤成分、承压能力、腐蚀程度、渗透情况等。

③其他。如泥石流、地震、滑坡情况。

3. 社会经济发展状况

（1）经济情况

生产总值、生产总值年增长率、全社会固定资产投资、全社会固定资产投资年增长率、各产业产值/所占比率、财政收入、外商投资情况。

（2）人口资料

人口构成和分布、常住人口数量及历年增长情况、户籍人口数量及历年增长情况、区域规划人口数量及成分构成。

（3）用地资料

历年城市建设用地增长情况，规划区域的四至范围、规划面积、各类用地规划布局。

（4）公共设施资料

各类市政公共设施和道路交通设施的数量、分布位置、使用状况。

4. 各专业市政工程管线现状资料和规划信息

各专业市政工程管线都有其各自的技术要求和规范，因此在收集各专业市政工程管线相关基础资料时，需要有不同的侧重点。

（1）给水工程管线基础资料

城市给水工程是城市建设中非常重要的基础设施之一，覆盖了城市的各个角落。它是由各种不同的给水建（构）筑物和众多管径不尽相同的给水管线共同组成。管线综合规划工作中需要收集的给水管线资料包括：

①规划区域和所在城市水源资料：水源分为地表水、地下水和降水。需要收集的资料包括，可被利用地表水和地下水的分布、水质、水量；引水工程的基本情况和现有运行状况；水厂及各类取水构筑物所在的位置、规模、取水条件等。

②规划区域和所在城市的供水体制：包括现有供水公司数量，隶属的部门或机构，公司间的相互关系，现有水厂分布、规模、制水能力、供水能力、出厂水质、与规划区域接口处的供水压力等。

③规划区域现状和规划的供水情况：一般需要收集规划区域现状供水设施的位置、规模，现状供水管网布局，规划供水设施的位置、规模和规划供水管网布局。

④规划区域现有的给水管网布置形式。

⑤规划区域规划给水管网布置形式。

（2）排水工程管线基础资料

城市污水一般有工业废水、生活污水、商业污水和表面径流四类。通过城市的排水系统，这四类污水将会被收集起来，然后经过相应的物理和化学处理，让污水达到规定的排放标准后排放到外界，或者对污水进行再利用。管线综合规划工作中需要收集的排水管线资料包括：

①规划区域和所在城市现状排水体制：城市是采用雨污合流制还是分流制。年产生的总污水量和处理情况，工业废水、生活污水和商业污水分别的年产生量和年处理情况，历年污水年增长情况和处理情况，降水的利用情况，排水流域分区情况、分区理由。

②规划区域和所在城市的排水系统现状：规划范围内的排水设施与排水管网现状图。雨水/污水泵站的数量、分布、位置、排水能力等。污水处理厂的分布情况，包括数量和具体位置；污水处理厂的设计、实际和潜在的处理能力。排放水的水质情况，周边可排放污水的水体的分布、纳污能力。环境保护相关的法律法规和政策。

需要注意的是，排水管线是市政工程管线中唯一的重力流管线，对管线高程控制的技术要求较高。在规划过程中，为达到良好的排水效果，排水管网的高程需协调统一，否则，将影响整个系统的排水功能。在各专业管线的布置中，排水管线的高程应当首先被考虑，如果排水管线与其他管线发生冲突，应该首先考虑保证排水管线的高程。为保证管线综合规划里设计成果的准确性，现状管线起止点的高程和管段坡度都必须做到准确无误。

③规划区域新规划的排水管网系统：排水管网总体规划图。雨水/污水泵站的数量、分布、位置、排水能力等。是否新设污水处理厂，如果新设，污水处理厂的分布情况和处理能力，如果不新设，表明可利用的周边区域的污水处理厂的位置和处理能力。

（3）电力工程管线基础资料

管线综合规划工作中需要收集的电力管线资料包括：

①规划区域和所在城市供电系统情况，包括现有的和规划的电厂和变电站情况，所在城市供电量和需求量，负荷、短路功率。

②规划区域和所在城市的电网系统情况，一般来说有现有的和规划的电力线路的走向、电压、容量，供电等级划分，电网现状图和规划图，供电的可靠性。规划区域现有和规划的高压输配电网的布局、高压电力管线的走向、敷设方式、电压等级。现状城市变电所、配电所的分布、电压、容量和现有负荷等。

③电力负荷资料。电力负荷根据用户类型分为工业用电负荷、生活用电负荷和市政公用设施用电负荷。需要收集的电力负荷资料有：规划区域内各工厂企业现状用电量、最大负荷、生产班次、用电时长、是否需要双电源等，企业历年用电情况，未来用电量及负荷增长规划；现状及规划居民用电量、人均居住生活用电水平、平均负荷；现状及规划道路照明用电量，电气化运输用电量，给水、排水设施用电量，其他市政设施用电量，各类负荷总量、比重及逐年增长情况。

（4）燃气工程管线基础资料

市政燃气供应系统一般由气源、输配管网和用户三部分构成。按照供气压力，我国的市政燃气工程管线分为低压、中压和高压三个等级，低压小于 0.005Pa；中压分为 0.005Pa ～ 0.2Pa 和 0.2Pa ～ 0.4Pa 两段，高压分为 0.4Pa ～ 0.8Pa 和 0.8Pa ～ 1.6Pa 两段。管线综合规划工作中需要收集的燃气资料如下：

①规划区域和所在城市气源情况，包括总能源构成与供应、消耗水平，各类用户的构成与供应、消耗；现状和规划的燃气种类、品质、总量，如燃气由外地供应，除需要获得种类和品质信息，应了解燃气价格；燃气气源供气规模、调峰情况；现有燃气输配设施的能力，道路、供电、给排水等条件；用气统计、不均匀系数。

②规划区域的燃气供应系统规划情况。一般来说有燃气设施规划图、燃气管线规划图、用户种类、数量和分布。

（5）热力工程管线基础资料

市政热力系统一般也是由热源、热力网和用户三部分构成。我国的城市集中供热的用户可分为居民热用户和工业热用户。管线综合规划工作中需要收集的热力资料如下：

①规划区域和所在城市供热现状资料：一般需要收集所在城市和规划区域的集中供热设施与管线现状图；现状供热方式、各方式供热量所占比重、热能利用状况；所在城市现有热电厂（站）的位置、数量、规模、规划区域工业和民用供热设施的位置、数量及供热能力。

②规划区域供热规划资料。包括集中供热的规划普及率，集中供热的范围、对象；规划供热方式所需燃料（如煤炭）的产地、质量、用量；地热、太阳能等其他能源利用情况为未来发展前景。

（6）通信工程管线基础资料

信号的发送设备、传输设备和接收设备共同构成了城市通信系统。通信工程管线是用于信号传输管线的总称，近些年对于城市的美观要求和通信系统的安全性与可靠性的要求越来越高，因此，市政通信工程管线多数采用地埋方式进行敷设。管线综合规划工作中需要收集的通信资料如下：

①规划区域和所在城市通信系统现状。一般需要收集城市内电信企业的种类、数量，现状通信线路布局、现状设备的种类及分布状况，现有的邮电局所的位置和规模。

②规划区域通信规划资料。通信管线总体规划图，规划的电话网络布局，规划的邮电局所、无线基站等通信设备的分布等。

需要注意的是，因目前通信专业公司较多，通信管线分属不同的产权单位所有，如电信公司、移动公司、联通公司等。因此在线路信息调查中，需要标注出线路所属单位。

（7）其他管线：根据项目特点，涉及的其他类型市政工程管线，如航油管。需要收集的资料包括位置、管线长度、管线埋深、管线材质等。

（二）汇总协调确定方案

市政工程管线综合规划第二阶段工作是汇总所收集到的原始资料，确定管线平面和竖向布置初步方案，并检查各专业管线规划自身、管线之间是否存在冲突。对存在冲突的地方进行调整或提出其他措施，最终确定管线综合规划方案。此阶段相当于各专业市政工程管线的初步设计，是后期施工图设计的依据。在管线综合规划时，方案不仅要考虑满足功能需要、在技术上可行，同时需要考虑方案的经济性，力求造价最低。

本阶段的工作又分为两个步骤：

1. 确定管线综合规划初步方案

在管线综合规划工作之前，市政工程各专业分别进行管线的专项规划，管线综合规划设计工作者首先需要将筛分、摘录和汇总的有用信息以及管线相互间的关系，精确全面的在底图上反映出来，确定管线综合规划初步方案。

市政工程管线一般沿路网进行敷设，在满足使用需求、考虑现场实际情况的基础上，尽可能使各专业管线均匀、合理的分布，避免因某条道路下管线关于集中，使得管线的埋深过大或数量过多，为详细设计、施工和日后维修管理增加难度。各专业管线应该满足其自身的工艺要求和规划要求，在某段路段内，各专业市政工程管线还需要满足综合规划规范里对于最小覆土深度、最小水平和垂直净距的要求。

2. 综合协调，确定最终方案

在第一步工作里，确定了管线综合规划初步方案，即各专业管线在平面和竖向空间的相互位置关系、管线与建（构）筑物以及规划区域周边接口的关系已经得到了精确具体地表达。在此基础上进行的第二步综合协调，从而确定最终方案。依据管线综合规划原则，检查管线综合规划初步方案里各专业管线是否在空间布局上存在冲突。如有冲突，提出协调方案，调整管线的平面和竖向布置，或施加相应的工程措施使得管线布置结果符合规范要求。如果仅调整管线布局无法达到设计要求，则需要对道路横断面进行变更，比如调整道路各车道、绿化带、人行道等的位置和宽度，甚至有时候需要调整道路宽度。

在检查管线在竖向空间布局时的矛盾和冲突时，需要尤为注意各控制点，如道路交叉口、道路最低点等处的管线标高是否满足规范要求。在道路交叉口位置，至少会有两路管线在此汇合，地下空间尤为紧张，管线很容易在此发生冲突，因此需要就各交叉口进行详细的规划，每条管线的高程都应当表示出来，指导后期施工。

就调整方案组织图纸会审工作，根据会审结果，完善方案。当管线综合规划工作达到既定目标时，确定最终方案。

需要明确的是，满足规划目标的管线综合规划最终方案并不是唯一的，优化设计的方法可以被利用在管线综合规划的方案设计和选择当中，是在追求规划设计水平进一步合理化和进一步提升它以数学中的最优化理论为基础，以计算机为手段，根据规划设计所追求的性能目标，建立目标函数，在满足给定的各种约束条件下，寻求最优方案。优化设计的步骤一般为：问题分析、建立数学模型、选择适当的优化方法、编写计算机程序、计算机筛选最优设计方案。

（三）编制管线综合规划成果文件

最后一阶段工作是编制管线综合规划成果文件。市政工程管线综合规划成果分为图纸和设计说明两部分，其中图纸包括总平面图、道路横断面图和各重要节点图，这三类图纸分别表现了管线综合规划的平面布置结果、竖向空间布置结果及易产生矛盾和冲突的重要节点处管线高程。具体成果要求如下：

1. 市政工程管线综合规划总平面图

市政工程管线规划综合总平面图中一般情况下应该将以下几项内容清晰表示出来：

（1）自然地形、地貌、地物和地势等高线；

（2）规划区域周边区域的道路情况、环境情况、建（构）筑物和各专业市政工程管线，并注明城市规划部门划定的红线范围；

（3）规划区域内现状道路、建（构）筑物、现状管线及相关设施。其中，哪些需要拆除、哪些直接废弃、哪些可以再利用，均需明确表示出来；

（4）规划区域内新规划的各类建筑用地的分布情况、道路网络规划、建（构）筑物等；

（5）管线综合规划工作确定的管线平面布局及相关附属设施的位置；

（6）横断面的所在地段及其编号等。

需要特别注意的是，总平面图中的坐标系统和标高系统，应与所在城市的坐标系统保持一致。图中出现的不同种类的市政工程管线，需要用不同符号或线型来表示，以示区隔。重力自流管线，如排水管线，应当注明主要控制点的坐标，一些重要的主干线的尺寸也应当被标注出来。

2. 市政工程管线综合横断面图

一般要求下，市政工程管线综合横断面图主要需要体现：

（1）道路横断面情况，包括机动车道、非机动车道、人行道、绿化带、分隔带的位置、宽度；

（2）不同种类的市政工程管线、以及同一类别的管线中直接废弃的、需要拆除的、可利用的现状管线，新规划管线和预留管线，被剖到的断面及其在道路横断面上所处的位置。不同管线并应用不同的图例并加注名称以示区隔；

（3）横断面图名，即横断面编号。在绘制市政工程管线综合平面图时，为避免图面过于复杂，一般只考虑得埋管线，架空线路通常不绘入平面图中。而在横断面图中，则需确定其与建（构）距离，控制其平面布局。

3. 市政工程管线综合规划设计说明

一般情况下，管线综合规划的设计说明应当包含以下几方面内容，具体工程应用中，可根据工程特点有所删减和侧重。

（1）规划背景、项目建设的意义和必要性；

（2）规划设计依据：相关法律法规和行业规范，所在城市或区域规划文件，上级主管部门的批复文件，规划设计任务书、合约、协议等文件；

（3）管线综合规划工作所依据的原则、规划范围和规划内容；

（4）所在城市和规划区域的概况信息：区位、气候条件、水文地质条件、河道水系、社会经济发展情况等；

（5）需要进行综合规划的市政工程管线的详细资料，包括现状管线的位置、长度、管径、管材、坡度、敷设深度、敷设方式、产权单位等信息，新规划管线的名称、位置、管材管径、坡度、敷设深度、敷设方式等；

（6）现状及新规划的相关市政设施的名称、位置、规模等；

（7）工作过程中遇到的问题及解决方法，尚未解决的遗留问题说明，为下一步详细规划提出注意事项；

（8）结论。

三、市政工程管线综合规划优化途径

（一）常规管线综合规划中存在的问题

在现代城市发展的早期阶段，受制于当时经济条件和技术发展水平，城市基础设施相对简单，城市地上、地下空间资源相对充足，足以满足市政工程管线的布置需求。各专业市政工程管线的规划、建设、运营维护工作也归属于不同的城市管理部门。然而，在千万人口级别的超级城市不断增加的今天，对市政配套设施的要求也越来越高，管线的种类和数量急剧增加。在这样的背景下，将各专业市政工程管线进行统一协调规划的管线综合规划工作，具备了很大的先进性。但是，常规的管线综合规划工作中仍存在一定不足和问题，可利用现代管理手段和技术进行优化。

常规的市政工程管线综合规划工作存在的不足和问题主要体现在以下两方面：

1. 采用传统手段无法完整准确收集相关资料

在管线综合规划时往往因为收集的现状管线的历史资料不完整或存在错误，而出现较高的失真率，在施工过程中，现场无法按照图纸施工，需要对图纸进行变更，导致工期延长、投资浪费等。这样的结果是由多方面因素造成的。首先，因历史原因，不同类别管线由不同的专业单位进行规划、设计、建设、管理，资料也由这些单位和部门进行保管，这就造成管线资料分散，很难收集完整。其次，也存在留存的现状管线历史档案丢失或残缺的情况。如果要获得详尽真实的资料，就需要重新对现状管线进行测绘，需要大量的人力财力的支持。再次，由于管线施工中发生变更或城市路网拓宽改造，但管线信息未随实际情况更新或新建管线未及时纳入资料数据库等原因，导致现有信息也存在准确度较差，档案资料与实际情况不相符合，档案资料不能正确反映实际工程情况。

2. 传统规划设计方法依赖设计工作者个人经验，未能形成科学的设计方法

常规的管线综合规划理论往往局限在市政工程管线综合单一领域，综合规划方法更多地依赖于行业规范的要求、定性分析和设计工作者个人经验。设计成果中最重要的各专业工程管线之间的相对位置的确定，往往需要与城市整体规划紧密结合。如果将市政工程管线项目孤立起来，使得市政管网的整体布局和城市整体规划割裂开来，就很难充分考虑整个城市空间资源的最大化利用和管网未来的空间资源需求，以及缺乏对市政工程管线项目如何达到最经济的考量。

基于对常规管线综合规划工作中存在的不足和问题的归纳分析，并且借鉴国内外已经取得的规划方法和技术成果，利用高速发展的电子计算机技术和日趋成熟的数学规划理论和方法，本书提出两条优化途径：一是建立信息共享平台；二是利用优化设计理论和方法对管线综合规划过程进行科学优化。

（二）建立信息共享平台

1. 建立信息共享平台的必要性

市政工程管线由于其承担的用途和属性不同，从城市发展初期以来，就由不同的专业单位进行规划、设计和施工，后期运营管理也由不同的部门来负责。建设成的管线错综复杂，盘旋在城市下方空间里。从信息管理角度来看，涉及多个单位的多头管理的结果就是造成市政工程管线的档案管理分散、混乱，城建档案管理部门、城市规划部门、不同的管线建设单位都可能成为管线资料的保管单位，更有甚者资料在个别的技术人员手中保存。

目前市政工程管线档案管理中存在的问题主要有以下几个方面：

（1）因市政工程管线往往有较长的建设周期，档案管理部门几经更迭，档案丢失或损毁严重，造成市政工程管线现状资料缺失；

（2）年代久远的管线，如老城区的给/排水管线，当时是在无图纸的情况下进行施工，根本无图纸资料留存；

（3）在管线竣工后进行归档时，也存在只有施工图、没有竣工图，信息准确度差的情况；

（4）管线在不断的建设和改造中，原有管线信息未做到及时更新，使档案信息中的信息与实际不符，造成数据失真；

（5）现状管线信息一旦缺失，再收集的难度相当之大，要获得详尽真实的资料，就需要重新对现状管线进行测绘，需要大量的人财力的支持；

（6）很多管线档案保管部门，并不配备专业的档案管理人员，导致信息管理混乱；

（7）现存档案大多是纸质版资料，信息管理和更新不方便。并且管线往往分属不同单位所有，出于自身利益考虑，信息共享困难。

由于市政工程管线档案资料管理存在种种问题，管线的管理部门之间很难做到有效的信息共享、交流和沟通。在管线建设阶段，各产权单位往往根据自身需求进行独自开挖，路面上到处都是"拉链口子"，路面破坏严重，而这些管线本可以进行共同开挖施工，也造成投资浪费。在管线运营管理阶段，由于资料缺失，也可能在维修管线和新管线的施工过程中，造成对其他管线的破坏，造成断电、断水、通讯中断、煤气泄露等事故，给城市居民的正常生活造成不便，甚至会危害到公共安全。

2. 信息共享平台简介

为了解决市政工程管线在信息管理中存在的种种问题，本节提出了解决方案——建立市政工程管线信息共享平台，即把密布地下"看不见""摸不着"的各类管网，统一变成一张清晰明了、可以远程监控、实时监测的"电子地图"。

信息共享平台的支持系统是地理信息系统（GIS，Geographic Information System），它是一种空间信息系统，是在计算机硬、软件系统支持下，对地理分布数据进行采集、储存、管理、运算、分析、显示和描述的技术系统。GIS 起源于 20 世纪 60 年代，经过多年发展，被广泛应用在土地利用、资源管理、环境监测，交通运输、城市规划、经济建设等多个领域。

作为地理学、地图学和测量学的传统学科与遥感技术、计算机科学等现代科学技术相结合形成的一门现代化综合学科，GIS 不仅仅是利用计算机技术对地理信息进行可视化的表达和查询，而是强调了空间分析能力和模拟能力。同时，GIS 研究对象不局限在物质流和能量流，还包括了地学信息流程的动力学机理与时空特征、地学信息传输机理及其不确定性（多解）与可预见性等。

在信息时代，以 GIS 为核心的集成技术系统是由遥感技术（RS）、全球定位系统（GPS）、互联网和GIS等现代信息技术之间的相互渗透而形成的。"数字城市"（Digital City）的概念，即在此基础上提出。"数字城市"就是指以GIS为平台，建设、整合、利用各类空间信息资源为技术手段，实现城市规划编制、规划实施管理、规划监督检查各个运作层面全过程的网络化、数字化和智能化，实现对城市空间资源的有效配置与合理安排，是未来城市发展和管理的方向。

本节提出的"市政工程管线信息共享平台"，便是基于"数字城市"的基础上建立起来的，主要为市政工程管线的规划、建设和管理服务。信息共享平台可以是一个独立的系统，与"数字城市"的GIS系统实现数据交互，也可以是城市GIS系统的一个子系统。

市政工程管线信息共享平台，就是通过GIS技术对市政工程管线信息进行管理，建立起管线信息资源库，进而建立通用性强、功能齐全的信息共享平台系统。同时，由于市政工程管线的信息是动态的，每天都在发生变化。为保证信息的准确性、及时性、共享平台需要建立实时更新机制，新建设以及发生变更的管线均要及时地进行信息采集，并且要保证信息准确无误。采集信息包括平面坐标信息、高程信息、时间信息等，实现对市政工程管线的动态管理。

市政工程管线综合信息共享平台的主要内容有：

（1）市政工程管线现状信息的采集和入库。在管线现有档案不全的情况下，需要实地进行勘测，并将收集到的空间信息和属性数据录入数据库；

（2）新建管线信息的采集和入库。在新建市政工程管线工程竣工后，将竣工资料及时加入到管线数据库中；

（3）数据分析和查询。信息共享平台提供各种形式的检索方法，方便最终用于对平台数据进行浏览和查询。此外，在检索的基础上，系统可以对管线的空间和属性数据进行分析，为管线的规划和建设提供科学依据；

（4）数据共享。信息共享平台是开放式的数据系统，其信息可以被授权对象共享和调用，且平台系统可以与城市GIS系统、规划系统、档案管理信息系统进行信息交换，达到资源共享、共建"数字城市"的目的。

（三）信息共享平台建设

1. 系统框架

市政工程管线信息共享平台主要模块包括了：数据处理模块、图库管理模块、网络服务模块和用户应用模块。

2. 系统功能

（1）数据处理模块：数据处理模块包含数据采集、编辑和输出功能，具体功能体现在：数据获取和通信，即外部信息可以转换成系统内业空间数据和属性数据；数据输出：自动生成管线成果表及图纸、管线信息调查表等成果数据。在此模块，数据分布存在和分布更新；

（2）图库管理模块：该模块是对空间数据库和属性数据库进行动态管理，以便向最终用户提供数据和数据更新。具体功能体现在：数据查询，即空间数据库和属性数据库可以进行交互查询；数据转换，即数据库可转换成不同的数据格式，并根据不同的用户需求提供相关数据，确保系统的开放性；图层管理，数据库中的数据分层进行管理，根据用户需求提供不同图层上的数据；

（3）网络服务模块：该模块主要为远程用户服务。除了数据查询、图层管理、数据输出等基本功能外，还提供数据浏览功能，用户可通过 MAPSERVER 对信息共享平台进行访问；

（4）用户应用模块：通过该模块，用户可轻松实现图层管理、数据查询和数据输出等功能外，还可以对数据进行统计分析、事故处理、空间分析、辅助规划、辅助设计、断面分析、坡度及水力计算、管线自动标注等。

3. 数据库

数据库用于信息共享平台数据的存储和管理，也是平台建设和运行的基础。信息共享平台的数据类型一般分为空间数据和属性数据，针对这两类数据分别建立数据库，即空间数据库和属性数据库。空间数据库存放和管理空间实体的地理编码，包括基础地形及地名数据、现状及规划道路数据、现状及规划管线数据。属性数据库存放和管理与实体对应的属性信息，例如市政工程管线的名称、管径、管材等信息。需要特别注意的是，在数据库建立初期，一般情况下，需要对现状情况进行历史资料查询，并对照资料进行实地勘察，保证录入的空间数据和属性数据完整、准确。改造管道和新建设管道的信息也要及时更新至数据库。数据库结构、分层、编码应符合国家相关的标准和技术规程。

4. 硬件设备支持

信息共享平台的硬件环境有计算机和一些外围设备所共同构成，可分为输入设备、处理和管理设备、输出设备。空间数据及属性数据的采集和输入设备主要有数字化仪、扫描仪、全站仪、数字测量设备 RS 等。数据处理和管理设备是用于 GIS 系统运行的计算机，它是信息共享平台硬件环境的核心。随着计算机及互联网技术的发展，拥有强大的计算能力和便捷性的云计算，使得未来的信息处理不再依赖于单一的计算机或实体设备，从而使信息共享平台应用起来更加的便捷，应用领域更加广泛。数据输出设备主要有各种绘图仪、打印机、高分辨率的显示装置等。

（四）信息共享平台应用

市政工程管线信息共享平台具有很广泛的应用性，可服务的用户主要有：

（1）城市规划建设主管单位。信息共享平台可以为政府主管部门提供管网的投资决策支持，如进行空间统计、网络分析、用地适宜性评价、三维分析等辅助规划分析工作。同时，管线信息共享平台可以与城市规划信息系统对接，进行相关数据整合。除此之外，信息共享平台也可为管线投资、设计、建设审批流程提供查询、统计、分析等功能；

（2）各市政工程专业单位。各市政工程专业单位可以通过信息共享平台更加科学和合理的规划设计和管理管线，这些单位可以通过授权获得相关的城市基础信息，保证基础地形数据的现势性。并通过平台进行专业的计算和分析，比如排水管线的水力计算、管道模拟计算等。同时专业单位需要将更新的管线信息准确无误的输入至平台内，保证平台信息的及时性；

（3）市政工程管线信息管理单位。这些单位是管线信息共享平台最重要的使用对象，他们主要负责对现状管线的信息普查、实地测量，对新建管线和改造管线进行竣工验收等工作，是平台的建立和日常维护者。信息共享平台数据录入渠道多样，与城市 GIS 平台、规划系统无缝对接，升级简便，能够很好地为管线信息管理单位服务；

（4）档案管理单位。信息共享平台实现了市政工程管线的数字化管理，信息共享平台与城市档案管理系统建立信息互换通道，实现现状数据的备份和历史数据的调用。

（五）市政工程管线综合规划优化设计

1. 优化设计概述

（1）优化设计思路

为获得最佳的规划方案，并且优化规划工作过程，在优化技术的发展和对国内外专家对布局问题的研究基础上，针对管线布置优化问题，本书从影响管线布置的限制因素着手，分析归纳管道布置涉及的约束目标与约束条件，选取一个或多个约束目标，将问题用合适的数学规划模型表达出来，并通过计算机软件求得规划模型的最优解。

（2）优化设计目标

通过对管线布置工作的优化设计，拟实现两个目标：一是通过利用先进的优化理论和方法，提升管线综合规划成果的科学性、合理性和经济性；二是改变传统管线规划工作中过分依赖设计工作者个人经验的现状，提高规划工作效率、降低劳动强度。

2. 优化设计基本步骤

（1）约束条件分析

求解布局问题的第一阶段就是将布局问题的限制性因素，即约束条件，确定并表达出来，约束的表达不仅包括指明约束是什么，还要说明如何使用约束条件。只有约束条件被清晰、准备地表达出来，才能被高效利用，有效的解决布局问题。布局问题的约束条件，一般有目标约束、模式约束、形状约束、尺寸约束、位置约束、特性约束、派生约束、导向约束。这些约束条件，按照是否需要必须满足，又可分为强约束和弱约束。强约束就是指在布局时必须遵循的约束条件，例如规定了布局空间大小的几何约束，即待布局物体只能被放在该空间范围内，如果超越约束条件，则布局失败。弱约束指在一定程度上被满足即可的约束条件，比如优化设计中的目标函数，其实也是一种约束，但是是软约束，它仅反映了设计追求实现的程度，但不代表着设计的有效或无效。

针对管线综合规划问题，约束条件可被归纳为以下几类：

①目标约束：就是规划设计工作想要达到的理想状态，比如管线的功能目标，即将给定数量、类别的管线放入到给定的路面地下空间里，权衡其实现的成本和效益，调整位置，得到最优状态。或者，在管线综合规划中，不仅要考虑近期需求，也需要为日后新增管线预留充足空间。目标约束是弱约束，限定程度越低，布局问题越容易解决；

②模式约束：指各专业市政工程管线的敷设顺序对布局空间产生的限制和影响。管线在平面和竖向空间上的敷设顺序一般都需遵循规范要求，特殊情况下，可进行一定调整。这是强约束；

③几何约束：形状约束和尺寸约束统称几何约束。管线布置问题中，几何约束体现在：一是布局空间的几何约束，即管线的布局空间限定在沿路及路两侧绿化带或人行道下部空间，且在竖向空间必须满足最小覆土深度；二是管线的几何约束，即管线的几何形状和尺寸形成的约束限制，其占用空间量会对布局产生影响。几何约束是强约束；

④管线位置约束：各专业管线之间相对位置关系，以及管线相对可敷设空间的位置关系的限制。主要表现在管线与管线之间的垂直相间、平行相邻和斜相交，以及管线与建（构）筑物之间都有满足最小距离的限制。这是强约束，必须被满足；

⑤特性约束：特性约束是对布局容器及布局物体的特定属性的描述。例如为避免电磁干扰，电力管线和通信管线尽量布置相对较远的位置，如道路的两侧。

对于管线综合规划工作，多个约束变量之间建立起不同的联系，通过已知约束变量和公共约束变量的调用求出其他未知的约束变量，从而对管线综合规划方案进行优化设计。

（2）目标函数构建

求解布局问题的第二阶段，就是找到优化目标与约束条件之间的关系，用数学模型表达出来。

在管线综合规划问题中，由于影响优化目标的约束条件较多，重要程度不一，且约束条件存在不同量纲的问题，如果考虑所有的约束条件，则构建的目标函数会非常复杂，实践应用性也大打折扣。因此，为了简化处理，突出核心问题，往往会选取重要的强约束，而会忽略一些弱约束因素。在构造目标函数时，往往结合实际优化需要，将综合目标拆解成单一目标，然后利用对应的求解方法求出最优解。

为了让管线综合规划的成果在工程技术上可行，经济上合理，优化设计的目标主要是考虑两个方面，即在满足管线的使用功能、规范规定的覆土要求和间距要求的基础上，一是从布局平面上来看，管网的布置长度最小，即最短路径问题；二是从竖向空间来看，管线的总埋深最小，尽量减少土方施工量，且尽量能布置在人行道和绿化带下方空间，避开机动车道。

①平面布置中最短路径问题

待布局的任意两点间都可能存在着多条路径，管线综合规划优化目标之一就是找到满足相关约束条件的最短路径，即布置在该路径上的管线长度最小。此问题的约束条件有三条：一是管线位置约束，即各管线的水平净距要满足规范要求；二是定义一个权值系数。

②竖向空间布置中最小剖面积问题

在管线竖向空间规划中，主要达成两方面的目标：一是在满足最小覆土高度的基础上，市政工程管线的埋深越浅越好，这样做的好处是，不仅可以减少土方工程量，降低造价和施工难度，后期维护维修难度和成本也能有所减小；二是管线之间满足最小水平净距的前提下，尽量敷设在非机动车道下部空间，且最远两条管线的距离能尽可能地靠近。由最小埋深和最小距离共同组成的最小剖面积问题，即是竖向布置问题的目标函数。

竖向布置的约束条件有两类：一是管线所占空间的不干涉约束；二是几何约束和管线位置约束，即管线间最小水平净距和垂直净距都要满足规范要求、管线敷设的剖面积不能超过最大面积约定的范围。

（3）模型求解

数学模型建好后，需要选用适宜的方法进行求解，Matlab 被广泛应用于最优化问题的求解中。Matlab 是美国 MathWorks 公司出品的商业数学软件，是由 matrix 和 laboratory 两个单词组合而成，意为矩阵工厂，也叫矩阵实验室，可以用来进行算法开发、数据分析、数值计算、数据可视化等。Matlab 中拥有三十多个工具包，其中的优化工具包可以对线性规划、非线性规划、多目标规划等问题进行求解，为工程实际问题提供便利的解决方案。

第二章　市政工程给排水工程

第一节　市政工程给排水规划设计

城市化进程不断加快下，市政工程有较大需求，但市政工程在雨水渗透能力上存在明显欠缺，使城市存在严重内涝问题，内涝也是制约城市发展的最重要的一个因素。所以市政工程一定要提高给排水规划的设计水平，解决内涝问题，提高水资源利用率。

一、市政工程给排水规划的意义

市政给排水工程规划设计同城市每个人具体生活息息相关，给排水工程规划直接关系水资源如何利用，关系到城市道路排水，关系城市生活污水排放，关系工业用水排放。因此要按照污水单位情况做不同污水管道铺设，只有这样才能让城市的给排水工程更为完善。

二、市政工程给排水规划的设计原则

市政给排水工程在规划中需遵循如下设计原则。

1. 科学利用水资源

我国水资源短缺，因此给排水工程规划中需科学规划，对水资源合理利用。第一，提高原有水资源利用率。对原有水资源调整利用，成本低，见效也较快。第二，对水资源大力开发。当前水资源同城市快速发展需求不相适应，因此需对水资源大力开发，对径流合理调节，实现蓄丰补枯，只有这样才能让水资源尽可能实现合理利用。第三，加强水资源管理保护。呼吁人们重视水资源，保护水资源，引导市政工作者对水资源合理治理，这样才能让水资源得到循环利用。

2. 近远期结合设计给水系统

城市中每天供水量变化大，高峰期供水量大幅增加，所以给水系统设计中需坚持近远期结合的原则，为未来规模化发展预留一定空间，如预留出给水管位，预留出足够管径余量等，这样可避免未来的重复投资。

3. 合理设计污水系统

城市污水系统设计对雨水排涝需采取截流制方式，对下水道需采取合流制，污水厂尾水需遵循水资源循环利用原则，只有这样才能实现合理分流，才能让污水得到再利用，将污水厂尾水变为内河景观，才能让城市水生态系统不断修复。

三、加强市政工程给排水规划设计的措施

市政工程给排水规划设计中按照上述设计原则，在设计中应参照下列措施进行设计。

1. 给水系统设计

给排水系统规划设计中需对水系统面临的两个现实问题（水资源短缺及水系统运行稳定性）进行思考，确保设计的给水系统能够让城市的水资源得到更加高效利用。具体设计中应注意如下问题：（1）充分利用计算机信息技术对给水系统进行分析，尤其是对供水渠道做好三维空间模拟分析，这样供水渠道运行才更加可视化，才能确保水资源有效利用，避免浪费；（2）注重收集自然降水，让收集到的雨水、雪水得到再利用，让城市供水确保充足；（3）给水系统中如果对水资源的消耗量比较大，需要对这样的给水系统及时改进完善，确保给水系统拥有良好节水效果。

2. 雨水系统设计

当前城市道路工程内涝问题比较严重，因此给排水规划设计中需正视这个问题，对雨水系统可依靠设计，避免内涝的发生。具体设计中应注意下列问题：

（1）结合给排水工程需要服务的具体区域情况，对区域内气候，地理位置等具体因素，对雨水系统进行科学设置，这样才能让给排水规划设计更加科学合理；（2）雨水系统规划设计中排水管道质量必须可靠，只有管道质量可靠才能确保在运行中不会出现拥堵，渗漏等质量问题，才能让城市排水系统在降雨天气中发挥良好的排洪排涝效果；（3）雨水系统规划设计中还要考虑到整个城市的具体运行情况，在规划中做好对排水系统细节问题的处理，这样雨水系统才能在未来运行中为城市提供较强排水能力。

3. 污水系统设计

水资源稀缺已经成为一个世界性的问题，要解决这个问题在做到水资源合理利用的同时，也要对污水做好优化处理，优化给排水系统服务的功能，增强污水处理效果，让污水得到循环利用，这样才能缓解水资源缺少的问题。（1）结合所处城市的具体建设情况，将分流制，合流制两种设计原则结合使用，让市政污水系统能够实现对各类污水都能有效处理；（2）用科学发展理念合理规划各类污水去向，让污水得到回收再利用，比如说当前新规划城区多采取分流制设计，雨水管线和污水管线间完全分离，这样的话，不仅污水厂污水处理压力减小，雨水也能更好收集再利用。这样分流处理下，城市生态环境的质量大大提高，城市水质也得到了良性发展。

市政给排水系统尽管常年深埋地下，但是它对城市发展的巨大作用却是不容忽视的。一个城市要快速发展必须重视水资源问题，并基于保护水资源角度对给排水系统进行科学规划设计，只有做好给排水系统合理设计，有效利用水资源，让水资源循环再利用，才能让城市生态环境更加美好，实现城市的快速发展。

第二节 市政给排水施工技术

城市市政工程建设水平直接影响城市正常运转。在我国部分城市中市政给排水工程建设质量不良。在夏季暴雨时节，由于部分城市市政排水系统设计落后，排水能力有限，路面出现大面积的积水，为城市居民日常出行带来了严重的影响。并且在实际施工过程中由于没有把握施工技术要点，施工区域地下管线受到损坏、周边建筑物出现不均匀沉降等一系列的问题频频出现。这一现状也在表明我国在城市市政给排水工程施工建设中存在着许多急需解决的问题，城市市政给排水施工技术应用效果不佳。为此，研究城市市政给排水施工技术要点和难点有利于提升我国城市市政给排水工程施工整体水平。

一、市政工程给排水施工前期技术要点

1. 市政道路施工要点分析

城市市政给排水工程属于地下工程，施工环境较为复杂，受到外界温度环境、城市交通等多方面因素的影响。市政道路施工建设需要对市政道路进行开挖，而市政道路路面开挖工作是一项非常复杂的工作。如果在开挖的过程中施工质量不佳，将会导致公共交通受限、道路下部管线受到损坏，给施工活动带来一定的危险。所以市政道路路面开挖需要严格地按照施工方案开展施工活动，以减少对市政路面的影响。世道道路路面开挖完成之后需要进行路面回填。路面回填工作需要依据工程实际情况而定，除了要保证回填质量之外还要确保回填土的压实系数，以提升回填后路面的稳定性。因此在市政道路施工之前应提前对施工区域周边环境进行勘察，全面且细致的了解施工环境特点之后进行施工方案的制定。

2. 道路两侧建筑物防护要点分析

城市市政给排水工程施工建设不仅会对市政道路路面产生影响，还会对施工区域周边的建筑物产生一定的影响。原因在于在路面开挖的过程中机械设备的震动会引发周边建筑物地基土的振动，一些既有建筑物由于建设年限较长，地基土的承载力出现了一定的变化，容易导致整个建筑发生不均匀沉降。所以在进行实证道路路面开挖之前应提前对道路两侧的建筑物进行防护，对建筑物的地基情况进行勘察。如果发现施工活动容易对建筑物的稳

定性产生不利影响，应更改施工方案来避开建筑物。另外，如果施工过程中遇到软土地基，应采用地基加固技术对这一地段的地基进行有效的加固。

3. 施工材料质量控制要点分析

城市市政给排水工程整体质量受施工材料质量影响较大。提升施工材料的质量可以提升市政给排水工程施工质量，可以切实保障人民群众的生命安全。为此，需要在施工之前对施工材料的质量进行严格的审查。在采购工程施工材料之前应对建材市场进行全面的调查，然后选择供货能力强、市场信誉度好、具备相关资质的材料供应商，并且还要要求该单位出具材料出厂合格证明等材料。材料进场之前进行随机抽样质检，对于质检不合格的材料不予以使用。对于材料保存与管理，应委派专业人员进行材料的管理，可以在工作制度中明确目标责任制度，将材料保管工作责任落实到个人，由此来提升工作人员的工作积极性，并确保材料在使用之前不会出现质量降低的情况发生。

二、市政工程给排水管道安装技术要点

1. 管道沟槽开挖及支护要点分析

在城市市政给排水管道安装之前需要进行管道沟槽的开挖及支护工作。在管道沟槽开挖的过程中施工队伍一般采用人机结合的方式，先用开挖机械设备开挖土体，距离标定开挖标高50cm处采用人工开挖的方式。在管道沟槽开挖的过程中应时刻注意沟槽周边土体是否出现塌方。为此需要技术人员先对开挖土质进行检测，确定土壤的力学性质，然后选择合理的支护方式进行基坑支护。如果沟槽的开挖深度较深，为了保障施工人员生命安全需要进行打密支撑的方式来提升支护的稳定性。另外还要注意在沟槽开挖的过程中防止对地下管线产生破坏。

2. 管道下管技术要点分析

施工管理人员在市政管道下管工作开展之前应做好对沟槽积水、杂物的清理工作。清理管道完毕之后需要采用从上而下的方式进行排管，确保每一个管道的连接更加的自然顺畅，确保水流在管道内部的流通。管理人员还要对管道之间的衔接处理质量进行把控，防止管道连接处出现漏水问题。在敷设管道的过程中应注意严格按照施工图纸的具体要求进行施工作业，把握施工要点，例如使用砂浆连接管道之间的间隙垫实、缓慢平缓的放平管道等。在完成市政给排水管道下管工作之后立即进行覆土填充，回填土不得含有生活垃圾、腐蚀性物质等。在对管道覆土进行压实时应注意严格按照施工标准进行。如果覆土深度小于50cm，则使用人工压实的方式，超过50cm应依据覆土深度选择合适的压实机械。

3. 管道基础施工与管道防腐要点分析

管道基础施工质量与管道防腐质量对市政给排水工程整体施工质量带来了极为重大的影响，两者是决定市政给排水工程施工建设活动是否安全的决定因素。在进行管道基础施

工的过程中将混凝土摊铺到基础部位可以提升管道基础施工的安全性，防止地下水侵蚀施工环境。在对管道进行防腐处理时首先应选择具备一定抗腐蚀性能的管材，如球墨铸铁管或焊接钢管等。在进行防腐处理时可以在焊接钢管的内壁焊接结束并冷却之后涂抹水泥砂浆；在管道的外币涂抹玻璃纤维等防腐蚀材料。

4.竣工验收阶段施工技术要点分析

在城市市政给排水工程竣工验收阶段最重要的就是进行闭水检查工作。闭水检查工作的主要目的是为了检测给排水管道焊接处是否漏水、管道内部是否存在堵塞情况、管道中间是否需要加强或加固等。给排水管闭水检查工作应使用由上而下的方式，在对管道上游部分检查完毕之后再将水倒入管道下游进行闭水检查。这样不仅可以节约水资源，还可以降低检查工作强度。闭水检查应采取分区段检查的方式，将管道分为几个检查区域，对每一个检查区域内的井段同时注水，注水时间控制在 30min 以上，检测人员查看所管区域是否存在漏水或堵塞问题。如果发现任何问题，应立即进行解决，尽快消除安全隐患。

随着城市的不断发展，城市生活用水和排水工作强度逐渐增大，市政给排水工程施工质量将直接影响城市正常运转，直接影响人民群众的生活质量。在进行城市市政给排水工程施工过程中施工单位应重视给排水工程施工质量的把控，在施工现场全面分析施工活动对城市交通及周边建筑物的影响，然后积极探讨施工技术要点。为了提升施工质量，还要积极提升施工人员的专业素质、建立和完善施工质量控制体系，以提升施工质量为目的开展施工作业。

第三节　市政给排水工程施工管理

一、市政工程给排水施工管理的必要性

在整个市政工程建设中，给排水工程建设是非常重要的一部分，给排水工程是否能保持正常的运转不仅影响着城市日常生产及居民的日常生活，还直接关系到城市经济发展。一个高质量的给排水系统，能够为城市的经济发展提供很大的帮助，且会使城市居民的生活水平得到进一步提高。在进行市政给排水工程建设的时候，施工质量是非常重要的，市政给排水工程的施工质量直接影响着市政给排水系统的运转情况，为了确保市政给排水系统在实际运转的时候能够保持良好的运行状态，必须要加强对市政工程给排水施工的管理。

二、当前市政给排水工程施工管理中的缺陷

1.给排水工程现场管理不足

很多城市在进行给排水工程施工的时候，一些施工企业没有对施工现场进行实时的监督与管理，导致了给排水工程现场管理严重不足问题的出现，而出现这一问题的主要原因就在于，很多施工企业都没有形成一个完善的监督管理体系，在实际施工的时候，很容易出现施工环节混乱现象，这就给工程施工带来了极大的质量隐患。此外，很多施工企业在进行给排水工程现场施工管理的时候，还存在着调度不足情况，而出现调度不足的主要原因就是施工企业的规模太小，建设资金比较缺乏，给排水施工技术比较落后以及施工现场管理系统不够完善，这就大大增加了市政给排水工程施工管理难度，很容易出现施工质量问题。

2.管理意识薄弱

相较于其他工程项目来说，市政给排水工程的特殊性以及复杂性比较高，建设所需的资金比较多，且建设资金一般都是由地方政府或者国家调拨的。因此，很多施工企业为了得到更高的经济效益，就没有做好工程施工管理，管理意识非常薄弱。管理意识薄弱主要体现在：在实际施工过程中，采用质量不达标的施工材料，为了节省施工材料，擅自对先前的管道方案进行变更，以偷工减料的方式谋取利益；施工企业自身规模比较小，面对大型的给排水工程有着明显的能力不足问题，因此，很可能会出现违规分包以及转包问题，使给排水工程施工质量得不到有效的保障。工程建设费用因多次转包被层层盘剥，最终导致豆腐渣工程产生的现象也是屡见不鲜。以上问题的出现，必然会直接影响市政工程给排水施工质量，且会大大增加施工管理难度。

3.给排水工程施工单位技术不过关

如今，随着我国建筑行业发展速度的不断加快，城市给排水工程的发展速度也在逐渐提升，工程建设模式也从传统的多分包单位转变成了当下的总包单位，那些还处于起步阶段的企业一般都没有较高的施工技术水平，因此，在进行分包控制的时候，很容易出现施工质量问题。

三、加强市政工程给排水施工管理的措施

1.重视安全管理工作

所有的工程在施工建设阶段，都离不开安全保障体系的支持，因此，在进行市政给排水工程施工的时候，施工企业必须要加强对施工安全管理的重视，应当对全体施工人员进行定期的安全培训与教育，并对他们进行考核，使他们的施工安全意识得到有效提高。此外，还应当根据工程实际情况，制定完善的安全管理制度，制度中应要求施工人员定期检

查设备仪器，对危化品进行隔离存储，远离办公和生活区域，对危险性较大的施工作业提出专项施工组织设计，并请专家对施工方案进行评估，同时做好应急预案，每年至少组织两次应急演练等。对存在的一些安全问题进行分析，并及时予以改正，防止因施工人员操作失误而导致安全事故的发生，始终坚持安全第一的基本原则，确保市政工程给排水工程施工质量及施工效率。

2. 施工质量管理

（1）在实际施工的时候，应当采取"一停二检"施工质量管理方式，一停指的就是施工到每一个质量点的时候，都应当停止施工，二检指的就是由施工企业质量检验以及承包单位质量检验部门对施工质量进行检验，检验合格之后，才能进入下一施工环节。

（2）承包单位应当对施工企业的质量保证体系实行情况进行实时的监督，确保施工质量保证体系能够充分发挥自身作用。

（3）在实际施工之前，应当对施工过程中的重点、难点进行标注，并采取相应的保护措施，防止施工质量问题的出现。

3. 提高相应的排水工程管理技术

在进行技术人员选择的时候，必须要选择专业化水平较高、综合能力较高的专业技术人员，且要求其必须具备丰富的实践经验，确保技术人员能够满足当下市政给排水工程的施工需求。因为给排水工程的施工难度比较大，专业技术的种类比较繁多，所以，在对给排水工程进行施工管理的时候，必须要重视施工技术的管理。应当要求相关技术人员不断学习新技术、新方法，并引进最先进的机械设备，加大工程资金投入力度，防止工程技术方面出现问题。

4. 做好施工现场管理工作

在整个市政给排水工程施工管理中，现场施工管理是至关重要的一部分，只有做好现场的施工管理，才能使现场施工过程变得更加有序，以防止施工混乱现象的发生，为工程施工质量及施工效率提供有效的保障。在进行现场施工管理的时候，管理人员必须要对工程施工现场有一个充分的了解，根据工程现场的实际情况来做出合理的管理部署。在实际管理过程中，如果发现施工质量问题，应当及时制定切实有效的解决方案，确保问题能够得到及时的解决，为工程施工质量提供有效的保障。

当下，随着我国经济发展速度的不断提高，城市化建设也在逐步推进，而给排水工程在城市中的重要性也越来越突出，因此，人们给排水工程提出了更高的要求。因此，施工单位在对市政给排水工程进行施工的时候，必须要加强施工质量管理，确保工程的施工质量，使市政给排水工程整体质量得到有效保障，进一步促进城市经济的健康稳定发展。

第三章　市政道路施工建设

第一节　市政道路路基施工技术

一、市政道路路基工程施工的特点

1. 对路基施工的要求较高

在市政道路建设的过程当中，路基的质量是整个道路的重中之重，它决定了整条道路的质量，所以在施工的过程中，往往会对施工的要求比较多，而且对施工的技术要求比较高。如果在实际的施工当中，对路基的施工不够重视，就很容易导致许多道路方面的问题，从而会影响整条道路的建设和质量，还会延误工期，对企业的声誉造成不良的影响。

2. 对施工的技术统筹规划

市政道路的施工一般会涉及许多方面的工作，而且会涉及多方面的利益，所以在进行道路施工的时候要进行统筹规划，一定要避免外界因素来影响整条道路的建设，同时还要对影响道路工程建设的因素进行规划。需要对路基的施工方案进行统一的管理和考虑，进一步规范影响道路工程的因素，以此来提高整个工程的质量。在进行路基施工的过程中，需要根据实际情况对路基的施工方案进行适时调整，这样就可以与不断变化的外界因素相协调，从而提高了市政道路工程的效益。

3. 对施工人员的技术要求较高

市政道路的建设一般是在户外进行，而且地形比较开阔，这就使得地形条件产生了很大的差异性，所以对于软土地基来说，在进行加工前一定要加固路基的土质。所以对于路基工程施工来说，对施工人员的技术要求和专业素质要求比较高，如果在施工的过程中，施工人员的技术要求不达标，就会降低路基工程的质量，严重影响企业的效益。

二、市政道路工程施工的质量要求

对于市政道路施工来说，一定要按照市政道路工程施工的流程进行操作，只有这样才能够达到规范所要求的标准，才能保证路基的工程质量。

1. 路基结构的稳定性

市政道路工程的建设，首先一定要保证路基的稳定性，使路基能够在车辆核载和外界因素共同作用下而不发生变形和破坏，所以要根据当地的实际情况来采取一定的措施加强路基稳定性。

2. 路基的强度

对于市政道路路基工程施工来说，一定要加强路基的强度。一定要保证路基在外界因素的作用下，不发生断裂和变形，能够使路基具有足够的强度，只有这样才能保证路基的质量，从而在使用的过程中不会发生破坏，提高了路基的使用功能。

3. 路基的水稳定性

路基在外界水和空气中的水分作用下，会严重影响路基的质量。特别是在降雨量比较大的南方地区，由于降雨量比较多，不仅会严重影响路基的施工，同时还会影响路基的质量，所以一定要保证路基的水稳定性。

三、市政道路路基工程施工的要点

1. 路基的测量施工

施工测量是施工之前的准备工作，它主要是将周围的地形建筑物进行标注和测量。施工测量是一个比较复杂的过程，但是可以使工程更加有序地进行操作，同时还能使施工更加精确，所以其在施工建设过程中具有十分重要的作用。在进行建筑施工测量的过程中，首先要对施工现场进行勘测，然后根据数据对现场进行图纸定位，还要对现场的高程进行测定，同时还要进行标注，这样就可以为建筑工程施工提供准确的依据。在进行勘测的时候，一定要严格要求勘测人员，使他们能够意识到勘测准确的重要性，而且还要让他们熟练勘测的业务，来增加他们的作业能力。如果在施工之前，勘测不合格，就会对路基工程施工造成很大的影响，严重的还会延误工期。如果工程测量的数据不够准确，会严重影响工程的质量，还会增大资金的投入，给企业带来很大的影响，所以一定要重视施工之前的勘测工作。

2. 路基的防护施工

一般路基的填方高度需要小于 4m，而且坡面需要采用植草皮来保护；如果填方高度在 4～8m，坡面需要采用三维网状植皮进行保护。尤其是在过鱼塘段，坡面一般采用特殊的方式进行保护。

3. 路基的填筑施工

在进行路基施工的过程中，一定要注意路基填筑工作的重要性，一定要保证路基的均匀度，然后要结合当地的实际情况进行施工，一定要保证填筑的有效性。在进行设计的时候，一定要保证填筑的宽度大于设计宽度，这样可以保证路基的压实度，再结合实际的经验，使用压路机对路面进行碾压，同时还要保证碾压的均匀度。

4. 路基的压实施工

在道路进行压实时，所要采取的原则是：先中间后两边、先轻后重和先慢后快的原则，这样可以保证路面的平整性，还能保证达到路面的强度，保证路面施工的有效性。在对工程进行平整处理的时候，首先要使路面两侧和中间具有一定的夹角，夹角一般在3°左右，最后再对路面压实，这样就可以增加路面的压实度。在路基施工中，对于一些比较特殊的部位，需要严格按照操作步骤进行碾压，保证规范的压实度，同时达到设计要求的标准。

四、加强市政道路路基施工质量控制的关键技术

1. 提高道路地表处理技术

提高道路地表处理技术，有助于加强市政道路路基的施工质量控制。应逐渐加强对路基基底的处理，保证基底的平整性，增加道路路基的宽度，增强道路路基的承载力。提高道路地表处理技术，应对路基进行原地面复测，清除道路地面的杂物，拆除空闲砌体，对不良土基进行填筑前碾压。在处理不良路基过程中，应制定合理的施工方案，依据土质状况，对处理方法进行科学的选择，并增强路基施工关键部分质量的检测工作。例如，在进行人行道路的地表处理工作时，应运用淤泥换填技术进行处理，在填方大于40m的短路处理过程中，应将表层的杂填土全部清除，路床下填方大于40m路段清除土层后，应用6%石灰石，改良土填筑至路床顶面。

2. 保证路基的填充材料质量控制

加强市政道路路基的施工质量控制，应保证路基的填充材料的质量控制。道路路基通常需要暴露于户外环境，并不断经受恶劣气候环境，遭受汽车碾压。所以，应不断提升路基填充材料的质量，有效延长市政道路路基的使用寿命，提高路基的强度，增加道路的承载力。在选择路基的填充材料时，应注意路基填料的类型与样式，考虑道路路基沉降程度、填料来源、施工团队的技术能力、地理环境以及施工条件等因素，并选择经济、合理、适用的填料。例如，选用渗水性较强的路基填料，其多适用于沙砾丰富的路基，在运用过程中，应对现场的路基进行强度测试和稳定性测试，保证路基具备良好的安全性，利用施工弃渣作为路基填料，能够节约成本，实现环保节能的目标。

3. 增强填筑压实的关键技术

在建设城市道路路基的过程中，提升施工质量控制，应增强填筑压实的关键技术。填筑压实技术属于路基建设的主体施工技术，其施工质量对城市道路的整体建设具有重要影响，应严格控制施工过程的步骤，对路基填筑压实的影响因素实现有效控制。例如，

在进行土方路基建设过程中，应在实行填筑压实技术前进行试铺，依据《城市道路工程设计规范》标准，试验道路路基长度需大于 101m，并及时确定铺筑的方案、设备组合、松铺厚度和压实遍数的具体技术实施参数。而在实施压实技术前，应测定填料含水率，并保持在 ±2%。

4. 提升绿化带边缘防护水平

对路基建设施工质量进行有效控制，应提升绿化带边缘防护水平，增加道路路基的稳定性，确保道路路基的施工质量达到规定标准。城市道路路基的绿化带边缘容易出现凹陷现象，在选择防护方案时，需对防护材料进行气候、来源、地质条件、生态环保的充分考虑。目前，国内城市道路路基绿化带防护的主要方式为植物防护，其属于最佳的生态环保路基绿化带边缘防护方式，此种方法不仅价格低廉，而且还能对环境进行美化。在提升绿化带边缘防护水平的过程中，应选择根系较为发达且耐旱的植物，在种植初期，对其覆盖保护层，减少幼苗遭受风雨的情况，3月~5月为最佳施工时间。例如，运用浆砌片石进行绿化带边缘防护工作，其具备耐久性和经济实用性的特点，利用浆砌片石进行边缘砌筑防护工作，能有效实现绿化带的防护功能，并融合植物进行防护，有助于提高边坡的稳定性。

五、市政道路路基施工的质量控制

1. 严格控制路基施工材料的质量

在进行路基施工时，路基施工材料的质量将会严重影响路基施工的质量，所以一定要严格控制路基施工材料的质量，其对于市政道路来说具有十分重要的意义，只有提高路基施工材料的质量，才能为后续的施工打下基础。在对路基材料进行控制时，一定要对路基材料进行严格筛选，至于那些没有达到规范要求的填料，一定要及时进行清除，防止其影响路基的质量，有利于路基施工可以有序进行。对于建筑施工人员说，一定要按照规范的要求，对路基材料进行筛选，这样就可以保证路基填料的稳定性。

2. 市政道路路基排水的质量控制

在路基施工的过程中，路基排水是十分重要的，水是影响路基稳定性的主要因素之一，所以一定要注重路基排水的工作。在进行路基排水工程建设中，需要与城市内其他的排水设施进行联系，这样既可以使路基工程顺利排水，还可以减小投入的成本。在路基工程建设过程中，一定要重视路基排水的工作，不断完善路基排水的设施，保证路基排水能够满足规范的要求和设计的需要。所以在排水的过程中要做好以下几点：（1）如果在路基施工段出现了大面积的积水，需要采用开挖排水沟的方式进行排水；（2）还可以设置排水沟和急流槽来进行排水，这些都是比较常见的排水方式；（3）对于非渗水的区域，需要采用透水性比较好的材料进行排水，这样就不会导致大面积的积水，从而保证施工的质量。

3. 市政道路路基边坡的质量控制

在对市政道路路基进行建设时，一定要充分考虑路基的边坡情况，将路基的边坡稳定性作为整个道路工程建设的重中之重，要针对当地的实际情况，对路基边坡进行详细的处理。对于地质条件比较复杂的地区，需要对边坡进行特定的设计，可以使用锚杆框架对边坡进行加固，来增加边坡的稳定性。对于填石路基边坡施工来说，边坡所使用的石料会直接影响边坡的稳定度，强度小的石料会在荷载作用下或者外界环境条件下，发生风化的现象，从而影响边坡稳定性平衡，造成边坡局部稳定性失稳。对于路堑边坡来说，需要采用植草皮的方式进行边坡保护，对于那些稳定性较差的高陡边坡来说，首先需要用锚杆进行加固，然后在表面种植草皮来进行保护。

本节通过对市政道路路基施工质量控制进行研究，并提出了提高道路地表处理技术、保证路基的填充材料质量控制、增强填筑压实的关键技术、提升绿化带边缘防护水平的优化技术。研究结果表明，提高市政道路路基的施工质量，对建设城市道路具有积极作用。但是，未来还应进一步加强对市政道路路基施工质量控制的研究，进而促进城市的快速发展。

第二节　市政道路路面施工技术

一、市政道路沥青路面施工技术

1. 市政道路沥青路面施工的技术要点

沥青路面施工是指，将矿石、石料等材料，与路面铺设专用沥青混合，再将混合物通过平整设备铺筑成路面结构的施工工艺。目前的路面施工处理主要分为单层、双层、和三层表面处理技术。市政道路沥青路面施工主要包含以下几个要点：（1）沥青路面要具有较高的平整性。选用抗压强度高的沥青原料，使用平整效果好的压筑设备，保障路面不会出现裂缝、下陷等问题；（2）沥青路面要易于养护。对压实的沥青路面做严格的表面处理，保障路面的层次构架科学，能够有效应对路面的车辆压力；（3）沥青路面要具有良好的防尘效果。选用多样化的矿石原料，增强沥青路面的强度，提高路面的光洁程度，降低灰尘和水对路面的影响。保障路面通行车辆的视野不受路面灰尘的影响。

2. 市政道路沥青路面施工中存在的问题

当前市政道路沥青路面施工技术，相对于过去，在施工流程上、施工质量上都有明显的进步，但是受到人员、技术、管理等多方面的限制，当前的施工技术也仍然存在着许多问题：

（1）一些施工团队没有充分认识到施工准备的重要性，在施工前，只是简单的领取物料和设备，没有对原料的质量、人员的组成、设备的运行状况等进行严格的审查，导致实际铺设效果与工程预期效果差距较大。

（2）一些市政道路沥青路面施工方，使用不合格的原料，尤其是石料、土工布、沥青等关键的原材料，导致路面的硬度与刚度都无法达到技术要求，造成后期的返工与维修频繁。

（3）目前很多市政道路沥青路面施工方，施工流程仍然比较混乱。一些具体的施工人员从事路面铺设的时间比较短，没有良好的掌握施工技术。施工现场缺乏专门的技术人员进行监督与指导。

（4）一些市政道路沥青路面施工方，没有在道路施工作业结束之后，及时对道路铺设的质量进行检验，或检验检测的项目过于简单，没有从本质上发现路面存在的隐患，给后期的维修造成了负面影响。

（5）很多市政道路沥青路面施工方，长期使用传统的道路施工工艺，没有及时跟进技术市场的最新研究成果，对新材料、新设备、新技术知之甚少。路面施工的设计，也没有根据目前的道路交通发展情况进行调整。

3. 优化市政道路沥青路面施工技术的对策

（1）进行充分的施工前准备

市政道路沥青路面施工的准备工作，主要分为以下两个方面：一方面，施工人员在施工前，要进行充分的机械参数调整。①调整沥青洒布机的机械参数，保障洒布的密度与工程计划的要求一致；②调整矿料洒布机的机械参数，保障矿料的洒布厚度与沥青的密度相匹配；③调整压路机、土工布摊铺机等其他关键设备的机械参数，保障其机械性能良好，并与施工方案相适应。另一方面，施工人员在正式施工前，要进行充分的原路面处理。尤其是路面的沉降、行车损坏、凹坑等问题，要在施工前进行及时的修补。

（2）严格把控施工原料

原料的质量直接影响了市政道路沥青路面施工的质量。优化原料把控，首先要进行充分的室内试验测试，按照原料的数量、质量、配比、施工方式，计划具体的施工方案，并进行细致的原料调配。其次，要在室内试验的结果上，进行充分的试验路面铺设，以检查室内试验的方案效果。对于有问题的方案，要及时进行调整，尤其要注意检测矿石、碎石等原材料的实际抗压性能。最后，要根据两次实验的方案，确定最终的原料使用与配比方案，以提高沥青路面施工的科学性与合理性。

（3）优化施工流程管理

市政道路沥青路面施工的流程管理优化，主要从以下几个技术层面入手：

①优化沥青路面的磨耗层处理。磨耗层是沥青路面的保护层，磨耗层的施工铺筑，有助于沥青路面在日常使用中，始终保持着结构的稳定性。磨耗层的施工技术优化要注意以下几个要点：优化基层材料的选择。选择高强度的水泥，调整水泥的水灰比，优化石灰、

碎石等材料的抗压性能。保障路面的基层材料在磨耗层的保护下能够长时间的保持稳定。优化沥青路面的表面处理技术，在不同的路面基层或旧的路面上喷洒一层薄薄的沥青，提高路面的抗磨耗性能。

②加强沥青路面的封闭层修筑。封闭层的修筑主要是为了增强路面的防水性能。雨水、冰雪融水等，对市政路面的伤害进程缓慢，但时间持久。长时间的水分渗入会导致路面的结构破坏，不同层次路面结构发生渗透等现象，影响沥青路面的整体强度，导致路面的抗压性降低。优化封闭层的施工，一方面，要用空气隔绝技术对铺筑路面的沥青材料进行表面处理，减少路面与水、空气接触的面积；另一方面，要封闭路面上的间隙，减少路面向外的水分蒸发，减少沥青材质与空气之间的水分交换，延长路面的使用寿命。

③提高沥青路面的防滑施工技术。市政道路沥青路面的防护性能施工，是影响车辆通行安全性的最主要因素。一些路段由于长期磨损造成路面防滑性下降，导致车辆非常容易打滑、侧翻、追尾，严重影响了市民的生命财产安全和城市道路的通畅。优化防滑施工技术：第一，要在市政道路沥青路面被磨损的部分，及时进行水泥混凝土表面处理，利用智能检测设备，对路面的摩擦系数进行检测；第二，根据检测所得的路面损坏结果，利用单层沥青表面处理方法，对摩擦系数严重下降的路面进行二次喷涂，并在施工后及时进行试通行检测。

④细化道路施工检测。道路施工检测主要包含以下几方面的内容：第一，检测路面施工的环境温度，保障施工当天的平均温度超过 15 摄氏度，避免在超低温天气施工。并要注意检测施工后保养阶段的气温，保障沥青路面可以有效升温；第二，检测沥青路面施工过程中原料的流动性、施工设备的洒布温度，保障沥青的黏结性始终在有效范围之内；第三，根据旧路处理——洒布第一层沥青——铺土工布——碾压——第二层沥青——洒布碎石——再碾压的流程，对施工过程进行监控，及时纠正施工人员的错误行为。

⑤加强对路面耐久性的数据分析。路面施工之后，各项物理参数与化学参数，是路面施工质量的直接体现。因而，技术人员要在施工结束后，检测沥青路面施工之后路面的平整度、构造深度、摩擦系数和渗水系数。详细分析沥青结合料的性质，分析石料的用量与沥青的用量是否达到最优配比。

综上所述，市政道路沥青路面施工技术的优化，要从流程控制、原料控制、检验检测等几个方面入手。从本书的分析可知，研究市政道路沥青路面施工技术，能够提高城市建设部门对交通道路施工中问题的重视程度，提高市政道路沥青路面施工的有效性和耐久性，降低路面维修的成本，促进城市的可持续发展。因而，市政道路施工人员要加强理论知识的学习，在实践中探索优化施工技术的方案。

二、市政道路水泥混凝土路面施工技术

在我国城市化进程中，机动车数量也与日俱增，为市政道路建设造成了巨大的压力与

挑战，要通过对市政道路的科学合理规划，才能保证最终建设质量，实现预期效益目标。而水泥混凝土路面在市政道路建设中应用较多，其不仅稳定性强，且使用年限较长，施工便利，能够推动市政道路事业的发挥发展。因此我们应该严格控制市政道路水泥混凝土路面施工质量，从整体上提升市政道路建设质量。

1. 水泥混凝土路面的优缺点分析

（1）水泥混凝土路面的优点。第一，与其他路面相比，水泥混凝土路面抗压强度更高，能够满足市政道路建设各项要求。第二，水泥混凝土路面稳定性和耐用性较强，美观耐用，并与沥青等路面不一样，在长时间使用中不会发生老化问题，甚至还可以逐步提升强度，这是其他路面不具备的优点。第三，水泥混凝土路面能够保证行车安全，特别是对夜间行车非常有利，这是由于水泥混凝土路面光泽性较强，能见度极高，可以为夜间行车司机提供安全保障。

（2）水泥混凝土路面的缺点。在市政道路建设中应用水泥混凝土路面，在水泥或混凝土原材料上使用量较大，因而需要投入更多的资金，否则建设工作将受到阻碍。第二，水泥混凝土路面将产生接缝，为施工造成巨大的影响，增加了施工与养护的难度。第三，只要水泥混凝土路面发生损坏的现象，则很难进行有效的修复。因为水泥混凝土路面坚硬度较高，开挖难度较大，极大增加了修复工作难度。

2. 市政道路水泥混凝土路面施工技术要点

（1）路面摊铺。在水泥混凝土路面摊铺之前，应该认真开展检查工作，主要检查内容有基层平整度、模板间隔、钢筋位置等。混凝土混合料配比结束后，通过运输车把混合料运输至摊铺区域，并在基层中置入所有混凝土，若是摊铺期间水泥混凝土路面出现缺陷，应及时采取人工方法查找出缺陷，若为混凝土出现离析问题，应使用工具对混凝土进行翻拌，此时应该注意避免选择楼耙或抛掷的方法，防止混凝土离析引起的施工质量降低。水泥混凝土路面摊铺通常都一次性完成，摊铺的时候应该将松铺厚度预留好，便于之后振捣工序顺利开展，实现市政道路建设质量的提升。

（2）振捣技术。在市政道路水泥混凝土路面摊铺结束后，再采取插入式、平板振捣器等方式振捣混凝土，一般在振捣板面与钢筋处设置插入式振捣器，在平面路面上使用平面振捣器，这样作用深度通常在 23cm 左右。对此振捣期间要使用插入式振捣器完成一次振捣操作，要想防止发生漏诊问题，插点的间距应该维持均匀，而进行振捣时若是要移动振捣器，应该旋转交错的方法进行，每个位置振捣时间至少为 20s。在进行平面振捣的时候，主要使用平面振捣器对相同位置做出振捣，此时混凝土水灰比是在 0.44 以下，振捣时间必须超过 30s，如果水灰比在 0.44 以上，则振捣时间应该控制在 16s 以上。之后要时刻注意混凝土情况，若是混凝土发生泛浆、不出现气泡冒出后，要使用振捣梁让混凝土能够被拖拉振实，为了将赶出混凝土内所有的气泡，应该往返拖拉振动梁至少 4 次。在市政道路水泥混凝土路面施工期间若是出现不平地点，要采取人工方法做出填补，填补过程中施工应该采取细料混合开展，并以挂线的方法检查水泥混凝土路面是否平整。若是水泥混凝土路面平整度与相关标准不符，需要及时处理挂平，提升。

（3）路面接缝技术。接缝对水泥混凝土路面施工质量影响很大，是一个重要而关键的环节，若是施工期间忽视了这个环节，那么将为市政道路建设带来不利因素。对此在进行接缝处理的时候应该将纵向裂缝处理好，处理时并严格执行相关标准与规范。对纵向施工缝的拉杆设计来说，要在立模后、混凝土浇筑前穿过模板拉杆孔进行设置，对于纵缝槽施工来说，要以混凝土压强超过 7MPa 为基础，并开展锯缝机弯沉锯切工作，形成缝槽，当然要根据施工现场试据夹角决定最终的混凝土压强。在处理横缝的时候，应该当混凝土完全硬化后进行，若是条件不允许，应该在新浇筑混凝土内做出压缝处理，而在进行夏季施工的时候，应该第一时间处理锯缝，一般来说每隔 2～4 块板需要压一条缝或锯一条缝，这样能够防止混凝土浇筑期间出现未锯先裂的状况，最大限度减少对混凝土应用带来的不利因素。不仅如此，对接缝进行处理的时候，要保证路面中线和膨胀裂缝要垂直，且缝隙应该保持竖直，不能存在连浆，要将帐篷板设置在缝隙之下，而缝隙上面需要采取灌封缝料处理。对膨胀板进行处理的时候，应该及时做出预制，并以缝隙干燥、整洁为基础，使用海绵橡胶泡沫板或软木板来预制膨胀缝，让而膨胀缝与缝壁密切结合起来。

（4）路面休整与防滑。在浇筑完水泥混凝土路面以后，当混凝土终凝之前应采取机械方式将路面表面铲平或抹平，如果有机械处理不到位，需要采取人工方式来找补。市政道路水泥混凝土路面施工期间，若是以人工方式抹光，既显得劳动力较大，还会让混凝土表面混入水泥、水和细砂等材料，让混凝土表面强度下降。对此要采取机械进行抹光，在机械上设置圆盘，这样能够实现粗狂，若是需要精光，需要安装细抹叶片。要想提升路面车辆行驶的安全性，市政道路水泥混凝土表面抗滑能力要强，严格执行以下抗滑标准：新铺水泥混凝土路面行驶车辆速度为 45km/h 时，摩擦系数要超过 0.45，若车速为 50km/h，则摩擦系数要超过 0.4。施工期间要通过棕刷做出横向磨平处理，并轻轻刷毛，或者是采取金属丝梳子形成 1～2mm 的横槽。现阶段应用较多的硬结里面一般使用锯槽机来割锯路面，且割锯的小横槽间距是 20mm、宽是 2～3mm、深是 5～6mm。

（5）养护与填缝。混凝土板浇筑结束后应该第一时间做好养护工作，这样让水泥混凝土拌合料的水化稳定性与水解强度得到提升，并避免发生裂缝的现象。一般来说养护时间在 2～3 周，混凝土养护与封缝之前应该封道，不能通行车辆，设计强度为要求的 40% 后要允许行人通行。养护措施如下：当混凝土表面强度符合相关标准以后，使用手指轻压路面，若是不出现压痕，需要在混凝土的表面、边侧等处覆盖草垫或湿麻袋，通过采取这种措施能够避免混凝土受到天气变化造成的影响。在养护的过程中还应结合天气情况不定时洒水，让草垫或麻袋能够始终处于湿润的状态。

3. 市政道路水泥混凝土路面病害预防措施

若是市政道路水泥混凝土路面发生病害，将严重影响市政道路最终使用功能，为人们出行与社会经济发展带来不利影响。因此我们需要坚持"预防为主"的理念，最好做到在规划与施工期间充分考虑各个环节的内容，减少出现病害的概率。对此要科学合理确定路基尤其是底层的参数，主要包括回弹模量、含水率、液限和现场承载力等，让施工值和规划值能够保持相同，同时让规划取值与现场客观实际一致，这要求认真开展基本规划根据、参数现场实践测定等工作，避免一味根据标准做出选择。要加大对路基施工处理力度，填方路基应该确保分层回填和碾压，督促施工单位做好自检与监理检查等工作，不仅要确保符合设计的压实度，还要均匀进行压实，尤其是对路肩、车道和路肩等交接部位来说，这些地方容易发生纵向错台问题。如果为半填半挖路基，应该重视对的挖、填等结合处进行碾压。只有做好以上工作，才能避免水泥混凝土路面施工中发生问题，并从整体上提升市政道路建设水平。

总之，市政道路水泥混凝土路面施工技术比较复杂、内容较多、难度较高，因此为提升施工质量与效率，需要把握好各个环节的质量控制措施，减少问题与安全隐患。因此我们要结合实际工作经验，掌握市政道路水泥混凝土施工要点，不断对各个方面的内容进行规范，这样才能达到预期要求，帮助施工的质量。这样才能提升市政道路建设质量，为我国的经济发展做出应有的贡献。

三、市政道路路面施工质量控制

市政道路路面工程能够起到保证人们安全出行、美化城市的重要作用，在建设市政道路路面工程时，需要加强市政道路路面的施工质量，通过控制施工工程的方式、设备，以此来提升施工质量。市政道路路面建设过程中，经常会出现一系列的问题，所以需要重视对市政道路路面施工质量的控制，才能提升城市建设的质量。

1. 市政道路路面质量问题分析

市政道路路面建设工程在施工过程中，会遇到较多影响施工质量的问题，以下是对质量问题的分析：

（1）冻胀翻浆问题

冻胀翻浆问题主要发生的季节为秋冬，秋冬季在某段时间内，会产生大量的降雨，降雨量的增加会使得雨水大量的聚集在道路表面，然后逐渐地向地层深处进行渗透，导致地下结构中含水量增加。如果温度突然间的下降会使得地下结构出现土壤结冻的问题，温度升高之后会使得路面出现翻浆的问题。

（2）路面受潮问题

当路面受潮之后，将会使路面出现脱离、塌落等一系列问题，降低市政道路路面的建设质量。

（3）车辙问题

在新建成的市政道路上，如果在使用过程中，有不符合此道路的车辆经过，会使得路面出现大量的车辙印，使得路面出现变形的问题；如果市政道路路面的承重力不足，将会使路基出现永久变形的问题。

2. 市政道路路面施工中存在的问题

（1）施工接缝处理不当

在市政道路路面工程施工过程中，在个别的施工路段中会出现冷接缝的问题，施工人员对此问题没有及时的发现，降低路面工程的施工质量。在后期的施工中，在冷接缝处施工会造成沥青混合料的分离，使其不能很好地与路面结合，使得路面出现大量的坑洼情况。在市政道路投入使用时，将会很快地出现路面开裂，松散的问题。

（2）沥青材料选择不当

在路面施工过程中，没有对沥青的三大指标进行严格的检测，就直接将其应用到路面建设中，降低沥青路面的稳定性和耐久性。比如，沥青的浓稠度应当与当地的气候条件结合使用，如果所要建设的路面处于最低温度较高的南方地区，则需要选择浓稠度较高的沥青材料，最低气温较低的北方地区需要采用浓稠度低的沥青材料。在制造沥青的过程中，没有严格的控制沥青的用量，使得沥青混合料拌不均匀。将其应用到路面工程中，将会降低路面工程的质量。

（3）结构层间的联结效果差

在路面工程建设中，基层和面层之间的透层、面层和面层之间的粘层通常都是采用一般的乳化沥青，在施工过程中，施工人员不重视对乳化沥青的用量。在实际的施工中，只是简单的对透层和粘层进行覆盖，没有达到覆盖的要求，使得结构层间的联结效果降低。在施工过程中，不重视交通管理，使得大量的车辆在行驶的过程中，将大量的乳化沥青带走，使其不能完全地覆盖路面，降低路面工程的使用寿命。

3. 人为造成的水对路面结构的破坏

在路基路面施工过程中，主要的破坏因素就是水，施工中的水破坏主要来自以下三个方面：

（1）施工原材料中含有大量的水，在沥青混合料拌和中加热过程中没有烘干内部的水分，会使得拌制混合料出现沥青结合不完全的问题。

（2）在沥青路面施工过程中，遇到降水时，没有进行停工。这会使得沥青混凝土路面的内部温度降低，承受力达不到使用要求。

（3）沥青的运输时间过久，使得沥青混合料的温度已经降低到摊铺温度以下，但是施工单位没有对沥青混合料的温度进行检查，仍旧进行施工，这样会降低路面建设的施工质量。

四、市政道路路面施工质量的控制

1. 前期准备阶段的路面质量控制内容

在市政道路路面建设施工前，需要进行前期的准备阶段，主要做的内容是对路面设计图纸的具体内容和其他另加内容进行检查，如果发现其中有问题，需要及时地向设计人员提出，并且要积极地与施工队进行沟通，迅速的解决问题。还需要对施工过程中用到的沥青大致用量进行了解，根据沥青的用量制定合理的施工方案。施工材料的准备工作是保证市政道路路面建设质量的重要环节之一。所以需要施工单位重视对施工材料的挑选工作。在对施工材料进行选择时，可以根据生产厂家的综合实力，选择质量达标的材料供应商，还需要将其中部分的施工材料送到检测机构进行检测，只有检测结果达到施工要求后，才能投入施工使用。在施工材料购入到施工现场后，需要保证施工材料的干度，控制好材料保存的温度和湿度，进一步保证施工材料的质量。

2. 在实际铺装的阶段对路面质量的控制

（1）拌合沥青混凝土

在对沥青混凝土进行拌合过程中，施工人员应当对沥青混凝土的各项技术指标进行了解，并且要严格地按照方案进行拌合。利用电子秤对拌合的材料的用量进行称量，保证材料的用量不超过拌合的标准。在级配过程中需要注意以下内容：沥青混凝土材料在混合前，需要控制出料斗门、皮带转速，及时的发现不符合设计的材料。材料在混合后，会进入到振动筛中，将其中含有的杂质筛选出来，保证材料混合的实用性。

（2）运输沥青混合料工作

在运输沥青混合料的工作时，需要选择 16t 以上的自卸汽车才能提升混合料的运输速度。在沥青混合料进行装车前，应当做好对混合料的粘料问题的防护。目前主要的防护方法是在翻斗车内涂抹柴油、水混合物；当装车完毕后，还需要在车表面覆盖一层隔油布，保证其不会出现粘料的问题。并且在运输沥青混合料时，应当控制运输的时间不能超过1h；在混合料运输到施工现场后，不能随意掀开保温布，只有在使用沥青混合料时才能掀开，保证沥青混合料的温度达到搅拌的要求。

（3）实际摊铺工作

当沥青混合料运输到施工现场后，需要将摊铺机的工作状态调整到最佳状态，防止出现机器故障的问题。在摊铺机工作时，需要严格地按照设计的厚度、宽度进行工作。摊铺机在使用过程中，应当将速度控制在 6m/min 左右，并且在前进的过程中需要保持匀速，还需要注意熨平板的仰角达到前进标准，避免出现摊铺机偏离既定路线的问题。在实际摊铺工作中，应当重视对摊铺机方向的控制，对于摊铺机的操作人员，需要保证前进方向的准确，使摊铺工作达到施工要求。另外，在摊铺工作开始前，需要将周围的杂物进行清理，保证摊铺工作路线的整洁、干净。施工单位应当设立专门的人员进行指挥运料车的前进，防止施工设备破坏施工环境，影响摊铺工作的质量。

（4）对摊铺层开展碾压工作

当摊铺工作完成之后，还需要对摊铺层的质量进行检测，如果检测到摊铺层的局部形状不符合摊铺需求，甚至会出现脱离现象时，应当先对其进行混凝土填充，当填补工作结束后，在对填补的区域使用压路机进行碾压。碾压工作不是一次性，首先要先进行一次碾压，保证路基的稳定，这时使用的碾压设备为轻型双钢轮压路机。为了更好地保证施工的质量，还需要控制压路机的起步、停止过程中不能急刹车。在稳压工作完成后，还需要对碾压区域进行复压操作，最后进行终压环节。这两部碾压过程中，首先使用轮胎压路机，然后在使用双钢轮对路面进行感光，保证最终的路面整洁、干净。如果在碾压的过程中，出现问题时，应当及时地进行二次施工，保证市政道路路面施工质量达到使用要求。

（5）检测路面的施工质量

市政工程的重要目的就是保证路面的施工质量，所以在市政道路路面工程施工过程中，应当实时的对路面质量进行检测，及时的发现质量问题，并采取相应的加固措施。目前主要的市政道路路面检测有：平整度检测、结实度检测和厚度检测等。要将检测的数据进行记录，为后期的路面维护提供数据支撑。

综上所述，在市政道路路面工程施工建设中，施工技术能够达到施工需求，但是在实际施工过程中会受到多方面的影响，进而会降低路面施工的质量。在路面工程施工过程中，应当加强施工管理工作，并提升施工质量意识，从而提升路面施工的质量。

第三节　市政道路养护维修的技术

市政道路属于城市交通的重要组成部分，对社会经济的发展具有十分重要的促进作用，市政道路的实际使用情况也在很大程度上反映出了我国城市的建设发展状况。因此，城市道路设施的养护管理属于市政部门的重要工作之一，我们必须要对此项工作予以重视，在道路养护工作上采取科学有效的措施，对可能容易存在的隐患问题实施有效治理，从而确保城市道路可以正常使用。

一、市政道路养护维修工作的重要性

现阶段国内大多数城市道路都或多或少的存在损坏问题，部分道路路面出现裂缝或凹凸现象，车辙问题也较为明显，网状、横纵向裂缝比较普遍，同时随着市政道路承载交通流的逐渐增大，在日常管护过程中缺乏有效管理，一些道路存在推移损坏情况，路面容易出现波浪形态或者高低不平的情况，这些问题在道路交叉口以及急转弯位置相对较多。另外，在部分沥青道路中，坑槽以及泛油的问题也比较常见，对市民日常行车和出行安全带来极大的威胁。

对于现阶段市政道路的损坏情况必须要制订更加完善的维修养护工作计划，不断优化市政道路维护工作，作为一项长期性系统性的工作，市政道路日常维修养护工作水平的不断提升，能够在很大程度上降低其建设成本，减少因为交通事故而带来的损失，确保市政道路的安全畅通，为广大市民带来更多的便利，真正发挥出市政道路在城市建设发展过程中的重要作用，为城市的和谐发展打下良好基础。

现代市政道路维修养护工作应当积极应用有针对性的维修技术措施，在选择维修养护技术的过程中应当充分结合市政道路的实际情况，同时考虑到其美观性需求，在保证行车安全的基础上优化城市形象。

二、市政道路养护维修的技术措施

1. 裂缝填封

一般来说针对缝宽不超过 10mm 的普通裂缝，可使用热沥青或乳化沥青实施灌缝；若缝宽大于 10mm，通常选择细粒式热拌沥青混合料或乳化沥青混合料实施填缝施工。在进行市政道路维修养护作业的过程中，必须严格根据"开槽 - 清缝 - 灌缝 - 撒灌缝集料"的基本流程实施作业，着重对槽宽、槽深、槽壁清洁干燥度、灌缝材料质量等可能对施工质量造成影响的因素予以有效控制。

2. 路面沉陷处理

针对市政道路路面沉陷问题通常包含两种情况：其一是由于路基不均匀沉降导致的路面局部沉陷，应结合路面的具体破损程度选择有针对性的处理措施；其二是因为土基或基层结构受到损坏或因为桥涵台背填土不均匀沉降导致的路面沉陷，对此应当根据坑槽的维修措施来予以修补。针对路基不均匀导致的沉陷问题，若沉陷程度相对轻微，可选择在沉陷边沿位置人工凿成规则形状，进行清除后喷洒或涂刷粘层沥青，随后进行填平压实；若沉陷问题相对严重已经引起了路面严重破损，应当根据抗槽维修措施进行处理。而对于土基结构层受到损坏导致的路面沉陷，当台北填土密实度不达标时应当进行重新压实处理，而针对含水量与空隙相对较大的软基或包含有机物质的黏性土层，应当实施换土处理，换土厚度按照软层实际厚度进行选择，换填材料应当确保其具备一定的强度和良好的透水性能。

3. 车辙维修

针对沥青路面夏季高温时面层软化后出现的轻微变形问题可不进行处理，利用控制行车碾压恢复路面平整度。针对因为路面磨损导致的车辙，需要在车辙部位开槽，同时在槽底和槽壁喷洒黏结沥青，在槽内重新补充沥青混合料。对于因为基层下沉导致的车辙，可以开挖路面处置基层后再次重铺面层。

4. 沥青路面上封层技术

针对市政沥青道路路面面层空隙较大、透水问题严重、裂缝较多、磨损严重但强度无法满足使用标准的路面，通常可以在加铺路面上封层来进行处理。针对市政道路沥青路面上封层，现阶段在维修养护作业中普遍选择单层或多层式沥青表面处治、乳化沥青稀浆封层和微表处理技术实施治理。单层或多层式沥青表面处治通常来说是在处理道路路面裂缝厚度超过 15mm，路面网裂厚度超过 30mm 时采用；稀浆封层技术以及微表处理技术通常来说用于对沥青路面的车辙实施处理。在选择上述施工技术的过程中必须要充分注意其作业环境的温度应当保持在 10℃左右，尤其是养护成型阶段的环境温度应当大于 10℃。

5. 再生技术

再生技术通常来说用于市政道路破损问题的修复，除开利用封层、灌缝、坑槽修补或者改建等技术措施之外，还能够借助于再生技术对市政道路路面实施恢复。现阶段在市政工程养护管理作业中所应用的再生技术包含了就地热再生、厂拌热再生、就地冷再生技术和厂拌冷再生技术等几种类型。因为市政道路上行驶通过的车辆相对较多，大型机械设备无法有效铺开，所以大部分时候可选择厂拌再生技术。在实际应用过程中，水损坏严重的沥青路面可选择这一技术，针对加铺沥青面层的可选厂拌冷再生技术再生基层。针对裂缝类病害、车辙或者泛油等沥青路面也能够应用厂拌热再生技术进行处理。

6. 路面监测

现代科学技术的发展为市政道路维修养护工作带来了极大的便利和有效的技术支持，借助于现代养护监测工具不但能够促进路面监测作业效率的提升，同时还能够极大的降低传统巡检工作量。例如说通过行车途中的路面反馈，车载平整度监测仪器能够及时有效的监测和记录路面的平整度、鼓包问题和破损程度等。市政道路巡检作业效率借助于利用现代监测技术得以明显提升，同时还可以在很大程度上降低路面维修养护作业成本。在未来的工作中，我们应当大力推广应用各种新技术和设备，促进市政道路维修养护工作水平的持续提高。

总而言之，做好市政道路维修养护是一项十分重要的工作，我们应当严格控制市政道路工程质量，根据其实际运行使用情况，对存在的具体问题进行深入分析，评价市政道路维修养护周期和规律，采取有针对性的技术措施来促进市政道路质量和使用寿命的提升。

第四章 市政道路工程项目质量管理

第一节 市政道路工程质量管理概述

一、质量概述

在非常长的一段时间内，质量被人们认为就是符合性，换句话来讲，对于质量而言，人们一直认为能够和产品的设计的要求相符合就是质量。对于质量符合性的观念而言，这是因为企业基于自身的立场对于考虑各种问题，对于消费者的利益没有进行足够的关注。所以说，符合性对于质量的定义，无疑其局限性是非常明显的。当前社会的发展非常的迅猛，市场的竞争非常的激烈，发展到用户类型的质量品质的提高。基于该用户质量的用户类型和仅基于根据设计标准的一致性的质量的区别，该概念的核心的要求具有实质。对于用户型的质量观念而言，位于第一位的无疑是用户，企业在进行产品的设计以及开放的过程中，要集中的体现用户型质量观的理念，并且，将用户第一的理念全程的贯彻与企业的产品的生产制造以及企业的产品的销售过程，另外，对于产品进行质量的检验以及评判的过程中，必须要基于用户为本进行，研究是用户的满意是用户型质量观的最高的要求。由于对于用户的需求而言无疑充满着多元化的特点，所以，对于为用户提供的服务来说，企业必须提供全面的服务，基于用户的需要，同时必须从用户的需求出发，对于用户的动态才能够实现全面的准确地掌握，这个时候，需要进行迅速的反应，并且，对于用户对于企业的产品以及服务的要求，有些时候应该超前。在 20 世纪的 60 年代，美国著名质量管理学家朱兰表示，对于质量而言，其实质指的是适用性。朱兰认为，对于任何一个组织或者任何的一个企业来说，其最根本的任务就是能够给用户提供满足用户各种需求的产品。通过比较复合型质量观以及用户型质量观来说，对于朱兰关于质量的观念，对于用户的观点更容易多得体系，对于从用户的角度来说，较为全面的描述了用户对于质量的期望以及感觉，同时，体现了质量的最终的价值。

二、市政道路工程质量概述

（一）市政道路工程质量概述

市政道路工程不但具有一般工程质量的特性与属性，具有使用价值，同时，市政道路具有特殊性能。市政道路设计过程中，基于功能、等级、交通路等性能，与市政道路地质、地形等相结合进行路基路面的设计，从而使得市政道路的强度、使用寿命等得到保障，特殊，对路面的平整度与抗滑性给予考虑。设计市政道路的路基中对为了对河道堵塞、水土流失等问题给予解决，对排水设施、防护等设计给予重视。市政道路路基形式结合自然环境，对深挖、高填等问题进行解决。

因此，安全性、耐用性、和环境协调性等是市政道路的特殊要求。质量可靠性就是市政道路安全性，也就是当市政道路竣工验收后质量要满足国家标准的要求，使得市政道路设计寿命周期中，结构安全得到保障，进而确保行车安全。市政道路直接关系到人民群众的生命财产安全，因此对质量可靠性要给予重视。在交付使用之后，市政道路路基结构安全、路面安全、承载能力等各方面都需要满足要求；市政道路耐用性指的是市政道路使用寿命满足设计要求，在交付使用后的正常使用期间内，具有对自然灾害、一定荷载作用等的抵抗作用；市政道路经济性指的是基于勘察、设计、施工等各个方面对成本进行控制。市政工程道路建设对设计、施工、管理、养护等成本进行分析，对最佳的综合效益方案进行选择。因此，市政道路工程要多方面进行考虑，确保其质量得到保障。为了实现市政道路可持续发展的需要，应该与绿化、路容美化、环境保护等相结合。

（二）市政道路工程质量影响因素

对市政道路工程的质量造成影响的因素众多，从立项到竣工涵盖道路建设全程，从这个角度讲包括决策因素、设计因素、施工因素等；各种生产要素、内部因素、外部因素都影响到市政道路的质量，体现在材料、劳动力、施工工艺、环境等；基于市政道路管理目标这一角度，市政道路质量与成本、工期等有直接关系。事实上，市政道路工程的质量集中体现了各因素的影响，控制市政道路质量需要对各种影响因素进行充分考虑。

基于市政道路建设周期而言，对其质量进行影响的因素包括：第一，市政道路质量的基础是可行性研究，为市政道路投资、质量、工期提供保障，对于工程设计、施工标准、以及质量目标具有决定性作用。通过详细调查，基于技术、环境、社会效益、经济等各个方面进行可行性分析，同时审批依据要严格，基于项目可行性对市政道路质量、工期以及投资等进行考虑，从而确保质量得到标准要求；第二，市政道路质量基础是勘察设计。地质勘查、工程测量、水文勘察等对于设计市政道路的路基与选线具有决定性作用，对市政道路自然条件进行体现。市政道路位置、类型、结构、材料等是通过初步设计与施工图设计决定的，并且对施工质量标准具有决定性作用。当设计与标准规范不适应，采用不合理的设计方案，计算不准确等，都会造成市政道路质量不达标；第三，对施工技术是市政道路质量的关键。市政道路是通过施工实现的，因此，施工技术直接决定工程质量。施工过程中材料、设备、施工工艺等都影响着市政道路工程的质量。市政道路工程质量得到保障要对上述因素进行关注；第四，工程验收对市政道路质量具有保障作用。监理单位、建设单位以及施工单位在市政道路竣工后共同进行质量评定与兖州，同时，政府相关部门进行监督，最终确认市政道路质量，对技术标准进行检验，确保其能够正常使用。基于此，在市政道路建设全程中贯穿质量管理与控制，因此，对各个影响因素严格控制，使得市政道路质量达到要求。

基于市政道路工程建设的影响因素层面，对其质量造成影响的因素包括：第一，人员影响，包括项目组织者、操作者以及管理者。市政道路质量受人员素质的直接影响。市政道路建设人员的技术水平、操作水平、决策水平、组织水平、决策水平等都是市政道路建设人员的影响因素。通过人员素质的提高，使得市政道路质量得到保障，建设人员质量意识要提高，对质量给予重视，对人员的技术培训要加强，确保建设人员的职业道德与技术水平良好；第二，市政道路建设中的原材料、半成品以及配件、设备等成品是市政道路质量的物质保障。作为市政道路建设的物质基础，原材料具有非常多的种类，性能差异较大，对工程质量有直接影响。因此，要合理选择材料，对材料的质量进行检查，材料自身、运输、保管以及使用对市政道路的质量以及外观都会造成影响，对市政道路承载力、使用性能以及使用寿命等造成影响。材料的物理性质、化学性质、力学性能等都属于市政道路建设材料质量的影响因素，要与国家标准相吻合。基于严格审批程序使用市政道路建设材料。对材料使用时要进行严格的质量检查，确保材料质量；第三，市政道路施工设备、操作设备、测量仪器、检验仪器等都是市政道路建设的机械设备，对市政道路质量具有非常重要的影响。各种设备能够使得现代化市政道路建设的工艺要求得到满足，为道路质量提供保障。对各种机械设备进行合理的选择，并且要及时给予维修与保养，从而使得市政道路工程质量不断提高；第四，市政道路建设质量受到施工技术、施工方案、施工方法等的影响。市政道路的施工要求科学的施工工艺与方案作为保障。市政道路施工的工艺要求比较严格，而市政道路质量直接受各工艺的影响，因为，为了提高市政道路的质量，对新技术、新工艺等要进行应用，使得施工水平提高；第五，外部环境因素影响市政道路建设质量。市政道路建设过程中受到地质、水文等环节的影响，同时受到作业场所、劳动组合等管理因素的影响，因此，需要通过有效措施进行控制，另外市政道路建设同时受到投资金融管理、征地拆迁等相关政策法律的影响。

基于市政道路建设管理的目标角度，市政道路建设质量受工期、成本等的影响。质量和工期的进度、成本等相互影响。高质量、低成本、快速度是市政道路建设的目标。科学的成本与工期为市政道路建设质量提供保障。科学的工期对市政道路的程序进行体现，确保工程质量与建设成本降低。成本对市政道路基本需求进行体现。市政道路建设工期与方案一定的前提下，对材料、机械设备、人员等费用进行盲目降低，使得市政道路建设质量与工期受到影响。基于此，从客观规律出发，对市政道路建设工期、投资以及质量的关系进行把握，从而顺利实现市政道路的建设。

（三）市政道路工程质量的通病

对市政道路质量造成影响的因素众多，在市政道路质量管理过程中，通常存在质量通病，路基、路面、辅助设施等质量问题是突出表现。市政道路质量管理中主要质量通病包括以下方面：

1.路基

路面强度与稳定性决定于路基的稳定性与强度。对于市政道路的施工过程中，通常对路基碾压处理不到位，路基碾压与整平没有基于设计规范进行，造成了路基平整度不够。对于比较高的标高地方的承重层结构厚度受到影响，使得路面存在裂纹。另外，标高比较低的地方，材料浪费问题突出。市政道路路基的施工中的关键部位之一就是填筑路基、回填管线沟槽。当不基于有关规定进行沟槽覆土，直接影响市政道路质量。市政道路施工中存在各种市政管线，影响沟槽回填密度，使得回填土不满足要求、碾压倾斜等，最终使得路基、路面结构受到影响，造成管体上部破裂等问题。

2.路面

因为没有严格基于高程对结构进行控制，造成了市政道路路面的高程不能与设计高程相匹配。市政道路路面存在雨水井、检查井等众多的辅助设施，如果井背宽度过小，影响回填夯实，压实度检查不容易进行。市政道路施工存在监管不到位的问题，造成市政道路工程存在问题，需要经常维修。路面坍塌裂纹是沥青路面典型的问题，市政道路不断使用，不管路面基层是半刚性还是柔性，坍塌裂纹问题不可避免。

3.辅助性设施

市政道路人行横道的下坡设置盲道口，需要切割该处道板，使人行道路面突出。如果安装存在质量问题，脱落道板问题就会发生。人行道施工过程中，因为较大的检查井盖板，不容易安装，使检查井盖板和路面出现高差，市政道路使用中产生绊脚问题，而排水管、通讯电缆等管线因为在市政道路施工中要通过行车路，使得路面压实度不够的问题突出

三、市政道路质量管理概述

（一）市政道路工程质量管理概述

质量管理指的是对和质量相关的各种活动进行指导、控制，基于产品质量进行管理，包括策划、计划、组织、检查、监督等各种活动。也就是说，质量管理涵盖了建立质量方针与目标、质量策划、控制质量以及改进质量等。质量方针指的是质量管理过程中对质量管理指明方向，质量方针作为质量政策，是领导质量决策的体现。质量目标和质量方针、

质量改进等具有持续性。质量目标的构建基于用户的需求，制定质量目标之后分解质量目标，向各个部门与人员进行质量目标的分配，从而确保在实处落实质量目标。事实上，各子级质量目标的实现为整体质量目标的实现提供保障。质量策划的依据是质量目标。质量策划指的是对设定的质量目标进行分解，对质量管理的过程进行设定。质量管理中的计划是质量策划的输出文件。质量保证是质量计划之后实施的环节。在质量管理中通过质量保证为质量管理的顺利进行提供保障。质量保证基于有系统的活动使得质量要求得到满足，同时为质量管理提供管理与测定的证据。质量控制确保质量管理实现的除了质量保证之外的根本措施。质量控制确保质量管理要求得到满足。

通过及时监控产品质量产生与形成的全过程，确保质量得到保障，在全过程中对偏离要求的技术进行检查，全面控制对质量造成影响的人为因素、技术因素、管理因素等。随着时间的推移要不断改进质量，使质量动态管理要求得到满足。通过质量改进使得质量的效率提高。基于组织范围的过程提高质量的效率，质量改进要满足持续性要求。事实上，组织基于质量管理体系的构建，管理质量，对质量管理的各项活动进行落实，从而实现全面控制质量。

（二）市政道路工程质量管理的原则

1. 质量第一的原则。市政道路质量一方面是项目投资效果的体现，另外一方面直接关系到人民群众生命财产安全，因此，市政道路质量非常重要。基于此，市政道路工程质量基于质量第一的原则，确保所有人员质量意识提高。

2. 以人为本的原则。在市政道路质量管理中具有决定性的因素是人为因素。市政道路工程质量直接或者间接的受到建设人员、管理人员、施工人员等素质的影响。基于此，以人为本，在市政道路质量控制中对人为因素给予重视，为了确保市政道路工程质量得到保障，要对人们的能动性进行充分调动。

3. 以预防为主的原则。基于质量管理的不同时期而言，最早质量检测只是对质量问题进行被动的发现，解决已经存在的问题，因此，全面质量管理与以预防为主的质量管理需要代替传统质量管理方法。在质量问题产生初期控制质量问题，尽可能降低损失。

4. 基于质量为标准的原则。对质量进行评价与衡量是通过标准进行的。质量控制需要基于对照质量标准，与质量标准符合的是合格的质量，不符合的是不合格的质量。质量管理要有科学的依据，基于严格的标准使得质量得到保障。

（三）市政道路工程质量管理的特征

市政道路的管理难度因为自身的特殊性、影响因素多样性而增加，市政道路质量管理的特征如下：

1. 市政道路质量具有非常多的影响因素，市政道路全程，从设计、施工、验收等都会影响到市政道路质量，具体表现在材料、劳动力、施工工艺、机械设备等，另外市政道路质量也受工期与成本的影响。

2. 市政道路质量变异问题容易发生。工业产品的生产具有稳定生产环境、检测技术、规范的生产线与生产工艺等，相对于市政道路建设而言，通常和其他城市基础设施建设一起进行，偶然影响因素多，工程质量容易受到影响，由此造成质量变异。

3. 检查市政道路的质量不可以进行拆卸、解题，同时，在市政道路建设中具有较多的工序，不及时检查隐蔽工程，那么仅仅通过表面不可能发现问题，从而造成了市政道路存在质量隐患。

四、市政道路工程质量管理的有关技术概述

质量管理具有较多的方法。通常施工监理单位进行质量控制采用图纸会审、技术文件会审、现场检查等方法，比如对施工单位开工报告进行检查，对施工方案进行检查，确认分包单位资格，检查施工单位提交的材料的质量检验报告、半成品质量检验报告、检查新材料试验报告、新工艺试验报告、检查设计变更，检查事故处理方案等；市政道路施工现场质量监督、检查与确认是通过现场人员进行控制，监理工程师收到施工检验的信息反馈。当存在问题比较大或者比较普遍时，施工部门要及时进行纠正。部分单位不但能够实现对质量控制的自我控制，还有涉及单位、工程监理单位、政府职能部门等的监控。

第二节　市政道路工程质量策略

一、市政道路工程质量的策略

质量策划基于国际标准 ISO 的定义指的是为了确保质量目标的实现，对质量目标进行设定，同时对于作业过程以及有关资源进行规定使得质量目标顺利达成。质量策划以及质量方针为前提，对质量目标进行明确，同时为了确保质量目标的实现而采取作业过程的识别与规定、资源的配置等各种措施，使得质量目标可以顺利实现。

二、市政道路工程质量管理体系

质量管理体系指的是对于质量进行控制与管理的体系。事实上体系就是具有相互关系与作用的各种要素的和，因此，管理体系指的是对目标进行构建，同时确保目标实现的体系。建立管理体系的前提是对方针与目标进行制定，之后基于方针与目标对相互作用的各种要素进行设计。组织结构承担了这些要素，基于此，对于组织结构以及职责需要在内部进行确定，为了活动有效开展需要资源的保障。

管理体系中的有机构成部分是质量管理体系，质量管理体系对质量方针与质量目标进行构建，同时，通过有关的活动与资源等使得质量目标与质量方针得到保障。质量管理原则是对质量管理体系理论进行构建，质量目标的完成要求质量管理体系的建立，事实上，质量策划的一项重要内容就是质量管理体系。基于现代质量管理经验，国际标准化组织对质量管理原则进行归纳与总结，其原则为客户关注、领导作用、过程方法、全员参与、系统方法、不断改进、决策方法、和供方的关系等。

第三节　市政道路工程质量控制

市政道路的质量控制贯穿于整个市政道路建设。基于此，为了有效控制市政道路工程质量，对工程设计阶段质量工作、施工阶段质量控制、验收阶段质量控制等都要给予强化。本章详细论述设计阶段质量控制要点、施工阶段质量控制要点、验收阶段质量控制要点等，为后文案例分析提供支持。

一、市政道路工程在勘察设计时期的质量控制

（一）勘察时期质量控制概述

对于市政道路工程建设而言，设计方案对工程质量具有决定性作用，因此，勘察设计至关重要，必须严格控制勘察设计质量。基于技术标准、设计规范的前提下，准确评价地质条件。基于建设环境与社会环境角度对师资道路工程勘察设计质量进行控制，实现了全程控制勘察设计质量，并且以国家标准、规范、法律等作为依据，市政道路勘察与设计要求与我国市政道路建设专业要求、相关设计参数、指标、定额等技术标准规范相吻合。确保设计勘察的数据、资料等准确、详细，为市政道路工程建设提供依据。

市政道路工程勘察的目的是基于勘察阶段的需求，对工程地质条件进行准确把握，评价岩土工程等，从而为方案设计与工程施工提供保障。通常工程勘察包括可行性勘察、初步勘察以及详细勘察。可行性勘察指的是基于对已经存在的资料的搜集与整理，现场勘察地质条件，根据工程需求进行地质测绘，评价选择的施工场地，对方案从技术与经济两方面进行对比。初步方案指的是以可行性勘察为前提，评价地质岩土的稳定性，对工程整体平面布置进行明确，对地基基础方案进行明确，论证不良地质的防治等，使得初步设计以及初步设计扩大的需要得到满足。详细勘察指的是计算岩土工程，对地基基础加固、防治不良地质现象等进行确定，使得设计方案能够满足要求。

当前初步设计与施工图设计是设计时期的不同阶段，对于使用新技术、新工艺等复杂大型项目还包括技术设计阶段。对和工程有关的包括研究报告、可行性报告、批准的项目

建议书等资料进行搜集是数据前期工作。基于工程项目整体目标，对项目规模、进度、投资、质量等进行明确。初步设计时期对项目规模、规划进行明确，对设计方案进行确定；对施工组织方案、劳动定员、施工指导、经济指标进行明确，同时进行经济评价。以初步设计为前提详细的设计施工图，对施工作法、工艺、布置等详细方法进行明确，对详细的施工图进行绘制，施工图要求准确、完整，同时有项目文件、各个专业的工程计算书、资料、结构设计文件等文字进行补充说明。

（二）勘察时期质量控制的关键点

勘察设计工作在市政道路工程中要求非常强的专业性与技术性，因此，勘察设计的质量控制需要基于质量控制的有关原理进行，本书与市政道路工程特征相结合，归纳出市政道路工程建设不同时期质量控制的关键点。

1. 勘察阶段质量控制要点

（1）勘察单位的选定

选择具有相应资质等级的工程勘察单位，同时检查勘察单位的技术管理制度和质量管理程序，考察勘察单位的专职技术骨干素质，业绩及服务意识。

（2）勘察工作方案的审查与控制

实施勘察工作之前，需结合各勘察阶段的工作内容和深度要求，按照有关规范、设计意图，如实反映现场的地形和地址情况，满足任务书的深度和合同工期的要求的情况下，由项目负责人主持编写勘察工作方案。对勘察工作方案的审核需根据不同的勘察阶段及工作性质，提出不同的审查要点。

（3）勘查现场作业的质量控制

对现场工程人员进行专业培训；用正确、合理的方式取得原始资料及仪器设备，并采取相应的管理措施；项目负责人始终在作业现场进行指导、督促检查，并对各项作业资料检查验收签字。

（4）勘察文件的质量控制

工程勘察资料、图表、报告等文件要依据工程类别按有关规定执行各级审核，勘察结果齐全可靠，满足国家有关法规及技术标准和合同规定的要求，对勘察成果必须按照质量管理有关程序进行检查和验收。

2. 设计阶段质量控制要点

（1）初步设计

设计原则为可行性研究报告及审批文件中的设计原则；建设规模，分期建设及远景规划，专业化协作和装备水平，建设地点，占地面积，征地数量，总平面布置和内外交通、外部协作条件。生产工艺流程为各专业主要设计方案和工艺流程。产品方案，主要产品和综合回收产品的数量、等级、规格、质量；原料、燃料、动力来源、用量、供应条件；主要材料用量；主要设备选型、数量、配置。新技术、新工艺、新设备的采用情况。

（2）阶段质量控制

主要建筑物、构筑物，公用、辅助设施，生活区建设；抗震和人防措施。综合利用，环境保护和"三废"治理。生产组织，工作制度和劳动定员。各项技术经济指标。建设顺序，建设期限。经济评价，成本、产值、税金、利润、投资回收期、贷款偿还期、净现值、投资收益率、盈亏平衡点、敏感性分析，资金筹措、综合经济评价。总概算，附件、附表、附图，包括设计依据的文件批文，各项协议批文，主要设备表，主要材料明细表，劳动定员表等。督促并控制设计单位按照委托设计合同约定的日期，保质、保量、准时交付施工图及概预算文件。

3. 施工图设计阶段质量控制

对设计过程进行跟踪监督，必要时需要检查设计标准及主要技术参数是否合理、是否满足使用功能要求、地基处理和基础形式的选择、结构选型及抗震设防体系、环境保护要求、其他的如工艺流程等特殊要求。审核设计单位交付的施工图及概预算文件，并提出评审验收报告。根据国家有关法规的规定，将施工图报送当地政府建设行政主管部门指定审查机构进行审查，并根据审查意见对施工图进行修正。编写工作报告总结，整理归档。

二、市政道路工程施工时期的质量控制

（一）施工时期质量控制概述

工程设计图向工程实体形成是通过工程施工实现的，工程项目使用价值的实现与工程项目质量受工程施工的重要影响。工程项目质量控制中重要的阶段是施工阶段，有效控制对工程质量造成影响的主要因素，从而使得工程质量得到保障。基于国家标准、规范、合同等控制工程施工质量，基于工程质量验收规范、材料技术标准、成品质量标准等为依据进行施工质量的检验和控制。施工过程中当对新工艺、新材料等进行使用时，需要利用试验进行验证，同时要获得具有权威性的技术部门出具的鉴定书。完成市政道路任何一道工序，施工单位首先进行自检，当检查合格对质量报验表进行填写，下道工序施工前要求确认质量报验表，否则不能进入后续施工，从而有效控制质量。基于技术标准规范验收工序质量，基于合同、规范等规定的检查的频率进行抽样抽查。另外，控制施工工序的质量要求对所有干扰进行排除，尤其是当工期比较紧张时，要更加重视工序质量，对工程质量进行把握。

在施工时期进行质量控制实现了控制资源投入与条件的控制，从而控制工程的各个环节，最后检验完工的工程产品的质量，施工质量控制贯穿于整个施工的全程。基于质量管理有关原理，施工过程的质量控制包括了事前控制、事中控制、事后控制等不同阶段。事前控制指的是针对影响工程施工的各个要素，在进行施工准备时期进行控制，事中控制指的是控制施工过程中的作业质量以及投入的各种要素的质量，事后控制指的是控制完成的工程质量，对存在的问题进行整改。

对于市政道路施工时期质量控制而言，包括了控制投入物的质量、控制施工质量、控制产出过程质量等全程。因为施工过程是生产物质的一个过程，所以，控制施工质量要求控制形成工程质量的各种因素。基于市政道路工程质量影响因素的分析，市政道路工程施工质量影响因素包括人员（Man）、材料（Material）、机械（Machine）、方法（Method）、环境（Environment），也就是4MIE因素。

（二）施工时期质量控制准备

在施工正式开始以前进行的准备就是施工准备，其主要内容是准备有关技术管理、准备现场工作等。施工准备时期质量控制属于施工质量控制事前控制。设计交底、审查施工组织设计、审查质量计划、会审图纸等都属于控制技术准备阶段的内容。

1 技术准备阶段的质量控制

（1）图纸会审

图纸的合法性、图纸及说明书的完整性、各种管线及构筑物是否标明、是否符合水文地质条件、是否符合规范、材料的来源是否有保证、施工工序方案是否合理。

（2）设计交底

考虑自然条件、考虑主管部门或其他部门对本工程的要求如设计规范和市场供应材料的情况、结合设计意图理解施工过程在各施工工序以及各施工要素上的要求。

（3）施工组织设计审查

施工组织制定及审查后由项目监理单位报送给建设单位，承包商按照指定的施工组织设计文件组织施工。对于规模大技术复杂的特殊工程，还需报送给相关技术人员，对于工期跨度长或分期出图的工程，可分阶段编制施工组织设计，从而提高编制质量。

控制施工现场各种质量影响因素就是施工现场准备，包括对道路施工建设单位的资质的审查、监理单位的审查、检测单位的审查、检查专业监理工程师资格、检查总监理工程师资格、检查监理工程师的专业和工程的吻合性、控制现场施工材料配件质量、控制机械质量、控制施工平面位置、控制标高基准等。

2. 施工现场准备的质量控制

（1）测量：承包商需对建设单位给定的原始基准点、基准线和标高等测量控制点进行核实，并检查施工现场总体布置是否合理。

（2）人员：

审查相关人员资质与所规定的业务适用范围与拟建工程的类型、规模、地点、行业特性及要求的勘察、设计任务是否相符，资质证书所规定的有效期是否已过期，其资质年检结论是否合格。对参与该工程的项目经理及主要技术人员的执业资格进行检查，重点检查其注册证书有效性，级别是否与该工程相符。

（3）材料：

掌握材料的质量标准，通过一系列检测手段（书面检查、外观检查、理化检查和无损检查等）将所取得的材料数据与材料的质量标准相比较，借以判断材料的可靠性

（4）机械：

机械设备的选择因地制宜，结合工程的特点，按照技术上先进、经济上合理、生产上适用、性能上可靠、使用上安全、操作及维修方便的原则，并且保证选择的机械设备的主要性能参数满足质量要求

3. 施工过程中质量控制

控制施工时期质量事实上就是全面控制在施工过程中实际的生产要素，特别是控制施工工序的工作质量。全部施工人员必须持证上岗，施工人员质量意识要强化，通过技术培训等方式使得人们素质提高，施工现场管理制度要严格执行，现场工作人员间交流要加强；进入施工现场材料必须检验合格，对材料的使用与保管给予重视，使得材料变质以及材料误用等产生的质量问题得到有效避免，为了不会造成大量材料积压，合理调度材料，材料放置分门别类；定期检查施工现场机械设备，随着工程不断推进要细化施工方案，基于工程特征与实际情况，控制对质量造成影响的环境因素，施工现场材料有序堆放，使得工作场所整洁，尽可能降低影响周围居民。

市政道路的质量直接受施工方法的影响。通过分级审批的方式对施工方案进行审批，基于方案的对照进行分项工程。当施工过程中产生问题，及时进行解决，并且调整施工方案，为了确保实施施工方案受到控制，要对程序化制度文件进行制定。基于此，施工方法的制定要求基于施工设计需求与当前条件相结合。施工时利用具体施工方法工序生产工程实体，在市政道路工程施工过程中其工序包括：排水沟、回填沟槽两侧并振实、挖填道路路基、路床混凝土、车行道基层混凝土、车行道混凝土面层、砌路沿石、人行道路基、人行道基层、铺砌预制人行道砌块、结工。其中路基、路面的施工，有关构筑物的施工等是主要的施工过程。

施工过程中基于施工规范与操作流程，结合质量标准针对每一道工序进行技术交底，对工序的质量进行严格的控制，任何工序只有检验合格之后，才能进入到后续工序中，由此可以使得工程质量满足设计要求。

（1）路基

强度、结构稳定性以及水温稳定性是路基质量要求。强度指的是路基要求当在外力的作用下，不能够有超出允许范围的变形的出现；结构稳定性指的是当在自然因素、行车荷载等的影响下，整体不会出现失稳的问题，同时，使得不允许的破坏与变形问题得到避免；水温稳定性指的是处于最不利水温情况下，不会明显降低路基稳定性。例如，对于季节性的冰冻区域，存在周期性冻融，急速降低路基强度。对科学的施工方法与施工工序进行选

择是控制路基质量的关键。路基施工过程中要求设备满足要求，路基强度得到保障的关键是合理配备压实设备。施工材料与路基土方的施工是控制路基施工质量的重要程序。对施工图纸熟悉，对设计进行多次的检查，施工测量放线过程中，确保测量误差在规范范围内等是控制施工测量质量的要点。施工过程中对覆盖的管网路线给予重视。控制路基填方、控制压实度、控制路堤尺寸、控制坡度等是控制路基土方施工质量的关键。路基施工质量控制要点

填方：分层填筑，压实前测定含水量；对不同的土质要分别标定干密度；分段施工，注意纵向搭接两段交界处；路堤底部填以水稳性优良、不易风化材料以防地下水影响。

松铺厚度：土质类别、压实机具功能、碾压遍数。

路堤几何尺寸和坡度：路堤填土宽度每侧应比设计宽度宽出 30cm，压实宽度不得小于设计宽度，压实合格后，最后削坡不得缺坡，以保证路堤稳定性。

压实度：在碾压前，先整平，由路中线向路堤两边整成 2%～4% 的横坡。压实应先边后中，以便形成路拱；先轻后重，以适应逐渐增长的土基强度；先慢后快，以免松土被机械推动。

在弯道部分碾压时，应由低的一侧边缘向高的一侧边缘碾压，以便形成单向超高横坡。前后两次轨迹需重叠 12cm～20cm，应特别注意控制压实均匀，以免引起不均匀沉陷

（2）路面

路面垫层质量控制、面层质量控制、基层质量控制是路面质量控制的主要内容。垫层基于路基施工上通过自卸车把粗碎石利用一定距离向下承面卸置，为了确保宽度满足要求通过推土机摊铺粗碎石。之后基于人工与机械配合的方法整平粗碎石。为了确保粗碎石稳定性，通常利用 6～8 吨两轮压路机进行碾压，碾压速度为 25～30m/min，碾压 3～4 遍，之后在粗碎石上通过人工方式均匀填撒填隙料。通过超过 12 吨的振动压路机进行碾压，使得填隙料对粗碎石孔隙进行填充，并且为了确保表面平整要均匀洒水。完成垫层要保护成品，对通行的车辆给予制止。

路面基层要对集中拌和材料给重视，对灰剂量的控制要求不低于设计值 -1%，含水量要求 1%～2%。材料运输通过自卸车进行并且运输时遮盖材料。摊铺要求人工和摊铺机配合，当路面作业宽度狭窄那么摊铺要求和推土机、挖掘机相配合。基于水平基准线与松铺厚度对摊铺机进行调整，自卸车将物料送到摊铺机，人工在匀速前进的摊铺机的后面，对摊铺机聚集的粗集料及时清除，对均匀混合料进行补充，基于设计需要对坡度等利用人工的方式进行整形。压路机全面碾压整形后的路面。完成碾压后必须保护与养护成品。

水泥混凝土面层与沥青面层是常见路面面层，市政道路中常用沥青面层。沥青面层施工要对沥青材料、填料、粗集料、细集料等进行选择，对沥青用量、配合比等给予重视。沥青面层的施工过程中主要施工方法包括路拌沥青碎石面层施工、热拌沥青混合料路面施工、洒铺法沥青路面施工等。摊铺厚度是控制的重点，对平整度与压实度进行确定，确保路面面层满足标准要求。

三、市政道路工程验收时期质量控制

市政道路竣工之后就是竣工验收，综合考察质量控制的结果。市政道路验收质量控制涵盖了检查原材料质量、成品质量、半成品质量、验收生产设备、检查施工工艺、验收隐蔽工程、检查市政道路外形、检查工程实体质量等。通过施工工序对市政道路工程进行验收更加有效，也可以基于长度对施工范围进行划分，从而进行质量验收。

完成项目之后进行市政道路竣工验收。施工方基于工程检查合格的前提下，将预约竣工验收通知书发送给建设方，进行竣工报告的提交，由此进行单项工程验收与整体工程验收的正式验收。基于设计图纸、国家规范等验收小组提出验收的意见，工程满足竣工标准，将《竣工验收证明书》发送给施工方。工程竣工需要整理所有工程资料，并进行归档。如果各方对于工程质量验收意见不同，可以通过协商、协调、仲裁、诉讼等方法解决。完成验收以后，施工方将工程移交给建设方使用，同时对验收证书、工程报修书等进行签订。

第四节　市政道路工程质量管理中的政府监控

一、市政道路工程质量管理的难点

1.市政道路在施工过程中，通常不能对交通完全封闭，施工现场环境复杂，市政道路施工具有连续性差的特点，因此质量管理工作量大。市政道路施工存在电力、供水、排水、供热、供气等各种市政管线，增加了施工难度，一旦对管道位置确定不正确，就会挖断管线，社会影响与经济损失较大，投资成本增加，并且对正常施工造成影响，使市政道路施工质量管理难度增加。

2.市政道路高处作业存在很大难度。随着社会发展，车辆增加，市政不断增加高架桥建设，作为高空作业的高架桥，由于在桥下对行人与车辆临时通道进行布置，因此，不会阻断交通，然而直接影响着高空吊装与脚手架安全。并且当安全事故发生时对过往行人与车辆造成伤害。

3.地质条件直接影响市政路施工。由于不同的地理条件、地质状况、施工条件等，造成了施工路段相同，施工作业也相同的情况下，可能采用不同施工方法。因此，要求不同的施工管理。换句话讲，不同管理措施应该应用在不同施工工艺与施工机械的管理中。通常市政道路建设为露天作业，天气、温度等直接影响工程建设。

4.城市内部通常是市政道路工程主要的施工现场。市政道路一般施工现场狭窄，需要围挡施工，影响交通与环境。另外，施工过程中居民受到噪音与灰尘的影响。市政道路施

工在确保工程质量的基础上，尽可能加快施工进度，使得不良影响降低。在减少工期过程中，如果质量监管与控制不到位，就会造成市政道路工程质量不达标，反而延长了工期。

二、市政道路工程质量管理中的政府监控

1. 市政道路工程质量管理中政府监控和社会监控

（1）目标一致性

对于工程质量不合格、企业不达标的问题，通过政府与社会进行监控，同时对存在的问题要求进行整改。作为质量检查与监督体系的政府监管和社会监管都是质量监管中具有一致的目标。

（2）差异性

①监管性质的差异

基于有关法律法规，政府监管的范围包括所有建设工程以及有关建设单位。通常社会监管属于社会服务咨询，工程项目与监理单位在法律的关系是委托协作，双方关系、权利以及义务基于合同的方式进行确定。法律强制性是政府监管的特点，而社会监管则不具有。

②监管方式的差异

政府监管的方式是有关部门基于巡查和抽查实现的，社会监管通常是监理单位基于有关规范标准对施工进行监督，这种监督包括巡视监督、平行监督以及旁站式监督。另外，监理单位基于工程实际对施工方的建设活动进行全面现场监管。

③工作依据的差异

国家有关法律法规为政府监管提供依据，政府监管权利范围通过法律进行规定。社会监管通常是基于规范与技术标准对质量监管的职能进行明确，社会监管的责任、义务、权利等通常在监理合同中进行确定。

④工作重点的差异

基于宏观角度，政府对工程质量进行监督与调控，监管的主体是工程建设的活动与行为，通过法律法规对落实质量的情况进行执行，对建设方行为进行规定。社会监理基于微观层面对项目工程进行调控，对市政道路建设的环节与程序进行监督。

2. 市政道路工程质量管理中政府监控存在的不足

通常市政道路工程建设中，地方政府的质量监管部门对自身的职责不能严格履行。市政道路建设中基于政府职能的不同，通过审计局、安监局、住建局等进行监管，从而出现交叉现象，造成了实际的市政道路工程建设质量监管过程中，各部门因为政府是投资，部门与政府是下级与上级的关系，因此，监管不到位，政府监管流于表面，不能有效发挥市政道路工程质量监督作用。另外，职能部门存在界限不清的问题，对政府监管的协调与系统性造成影响，因此，不能有效监督市政道路工程的质量。

3.市政道路工程质量管理中政府监控的改进

政府对市政道路工程监管过程中存在很多不足,为了使市政道路工程质量得到保障,政府在市政道路工程质量管理中的作用要充分发挥。本节就政府在市政道路工程质量监管中改进的措施进行阐述。

第一,市政道路工程质量监管制度要完善

对市政道路只看控制的制度进行完善,为施工过程中政府对质量的监管提供依据。对市政道路工程质量机制进行构建,实现公开、公平、公正、透明化监管工作。市政道路工程质量监督管理机制的构建要求对施工中可能出现的问题尽可能的考虑。市政道路工程质量控制对政府监管改革给予重视。基于市政道路工程质量管理机制与机构的完善促进政府在市政道路工程质量监管中作用的发挥。

第二,政府监管模式与机构要创新

(1)改革政府监管模式

①政府监管市场要强化

创新政府监管模式是社会发展的需要,因此,政府在监督市政道路工程质量中应该基于现代企业监督机制,监管义务与责任通过设置独立法人实现,使得有限资源的效用得到最大限度发挥。我国目前精简各部门机构,政府在市政道路建设监管中对专业化机构进行建立,实现公开、公正的监督市政道路质量,使政府监督管理水平不断提高。

②不断规范政府道路工程质量的委托行为

市政道路工程质量监管中政府的作用要不断强化,因此,政府监管机构日益受到关注,其作用越来越重要。但是,随着社会的发展加快了监管机构市场化,由于出现授权寻租等,使得正常市场竞争秩序受到干扰,造成了腐败问题的发生。因此,公众有可能质疑政府主管授权质量监督部门的公正性,因此,通过专门管理部门的建立有效管理质量监管机构,实现竞争的公开、公平,进而使上述问题得到有效解决。

③政府质量监督机构有效性及人员专业素质要提高

勘察、测量、路面建设、路基建设、布置管网等专业知识是市政道路工程质量监管中需要经常接触的专业知识。政府监管机构工作人员只有提高专业素质,才能使得监管工作顺利完成。基于此,必须加强技术培训、专业培训。登记监管企业资质,使进入市场的门槛提高,通过监管人员的技术与专业培训,使其专业素质提高,对监管人员的责任心进行培养,对公平的考核制度进行构建,对监管人员行为进行规范,使政府市政道路工程质量监管部门作用得到充分发挥。

④推动政府质量监管制度化

在公平竞争的基础上,以国家有关法律法规为前提,对政府监管机构管理进行规范,实现政府质量监管的制度化:

其一,问题处理过程中基于有关法律法规,确保公平、公正。

其二，通过政府监管人员专业素养、道德水平的提高，对政府监管机构积极形象进行构建。

其三，将现代化运营管理制度引入政府监管机制中，对政府监管机构法人制度进行完善。

其四，政府监管要公开、公平、公正，确保手续的合法，对资源进行有效配置，对监督授权进行规范，使得政府监管机构财政的垄断问题得到避免。

其五，对政府质量监管信息化建设给予重视，实现监督与管理的分离，使得监管效率提高，从而促进社会经济发展。

（2）改革政府监管机构

随着市政道路建设规模的扩大，为了使政府监管的有效性提高，市政道路质量监管要求统一管理、监管专业化、监督和管理实现分类等。质量监督人员水平要不断提高。基于有关法律法规，从市政道路工程施工管理与质量监管角度出发，对监管机构与建设主体关系进行明确，对市政道路工程监管机构进行改革，使得政府监管作用得到充分发挥。对监管信息系统进行建立，对市场竞争制度进行完善，实现对市政工程质量的有效监督。

第五章　市政桥梁施工建设

第一节　设计的安全性与耐久性

目前，虽然我国各城市基础设施中桥梁所占的空间较小，但承担了比例较大的城市交通流量，在城市的经济发展、文化建设、魅力提升中发挥着重要的作用。在城市化进程不断推动的形势下，市政桥梁因重施工轻养护、重外观轻结构，未充分考虑结构的耐久性、使用年限等原因，使得诸多桥梁在未达到使用年限时，就出现了结构使用性差、需维修和加固的工程量增多等不良后果。因此，在新形势下，如何提高市政桥梁设计的安全性和耐久性已成为众多桥梁设计人员的工作重点，需予以充分的重视。

一、市政桥梁设计的现状

为了适应社会市场的需求，将安全性、审美性、实用性和经济性等设计理念应用到市政桥梁设计中，已成为市政桥梁的主要发展趋势。从大量的市政桥梁设计实际来看，在设计中考虑的实际强度较多而耐久性却相对偏少，造成桥梁设计过于重视承载能力极限状态，而忽略了正常使用极限状态，而这一点又直接决定了桥梁设计的使用寿命和使用性能。在工程具体设计中，仅将耐久性作为一个系统性的概念，但未能从材料、结构设计和施工工艺等方面确保结构措施的耐久性，同时对市政桥梁的使用目标、使用年限和维护标准并未做出明确规定，进而增加了桥梁安全事故的发生率。

二、影响市政桥梁设计安全性和耐久性的因素

1.设计方面的原因

在桥梁设计中，为了确保设计人员能够切实考虑到影响结构完整性的因素，有必要开展一个全面的关于安全性和耐久性的技术试验。但在实际工作中，由于设计人员专业技能水平和工作经验有限，未全面掌握和理解桥梁设计中所涉及的理论和计算工作，导致其在对桥梁设计的强度上要求较低或局部受力大，进而造成桥梁的耐久性、安全性较差。桥梁施工和设计是一个动态的过程，故针对设计工作中遇到的技术问题，要求设计人员做到具

体问题具体分析，但在具体的设计工作中，设计人员和技术人员习惯采用常规思维来考虑问题，导致桥梁的设计施工与实际需求不一致，缺乏系统的整体性能。

2. 施工管理方面的原因

（1）在市政桥梁实际施工中，未安排安全监管工程师对项目建设安全情况进行监督，且安全生产责任人也未明确。（2）设计人员和施工人员的安全施工意识薄弱。（3）由于设计工作中缺乏相应的信息管理平台支撑，导致项目中所涉及的资源整合和优化问题无法跟进。（4）技术质量管理中的错位、越位和缺位现象较严重。（5）设计人员和技术人员的交底工作未到位。（6）总承包单位、分包及供应商等的合同定位和职责等尚未明确。

3. 维检方面的原因

车辆超载主要分为三种情况：一是老桥在超年限的状态下运行，这是因设计负荷变化引起的；二是桥梁实际交通流量超出原设计量，是由交通量增加造成的；三是车辆非法超载，这种情况是由驾驶员非法超载行为引起的。桥梁的日常维检工作不到位，一方面会扩大桥梁的疲劳应力范围，进而引起结构性损坏事故；另一方面易造成桥梁结构出现开裂，进而对桥梁的安全性、耐久性等构成威胁。

三、优化桥梁设计安全性和耐久性的措施

1. 加强市政桥梁的安全性设计

（1）重视桥梁的疲劳损伤问题。在规划与设计桥梁的过程中，首先应做好地质地貌、水文特征等条件的勘察工作，以便设计人员能在初期工作中辨别可能导致疲劳损伤的因素，并采取有效措施控制这些不良因素对桥梁的影响，进而确保桥梁设计的科学性、合理性。

（2）提高桥梁所能承受的最大荷载能力。利用现代化的施工设备、施工技术和施工工艺对桥梁的结构应力进行全面分析和研究，以尽可能地减少疲劳损伤对桥梁造成的影响。

（3）加强对设计施工的管理。一方面应强化新型的建筑材料、施工技术等在桥梁设计中的应用；另一方面设计人员也应紧跟时代发展步伐，不断学习新的设计理念和设计方法，进而逐步提升自身的设计质量和能力，确保设计方案能与实际的现场环境相适应。

2. 加强市政桥梁的耐久性设计

（1）水泥是构成混凝土的重要材料，其质量直接影响到混凝土最终承受的强度及投入使用后的稳定性。比如粉煤灰水泥与硅酸盐水泥因化学成分存在差异，这就使得这两者的强度和稳定性也存在不同，故将其投入项目建设使用中后对桥梁施工质量造成的影响也会有所区别。因此，应结合桥梁施工区域所处的环境、温度及水文特征等条件选择水泥。

（2）在搅拌水泥的过程中，应根据实际情况添加外加剂，以减慢混凝土碳化的速度。

（3）控制水灰比的科学性。针对高强度混凝土，其所需使用的水灰比指标较小，若混凝土的水灰比过高，则会导致混凝土的密实度和强度达不到要求，使得外部环境中一些

具有腐蚀性作用的气体进入桥梁内部结构中，进而对混凝土结构和桥梁结构质量等造成不利影响，故需严格控制水灰比，按照要求确保混凝土强度和稳定性。

3. 加强市政桥梁结构的疲劳损伤研究

市政桥梁结构在车辆荷载、风荷载、地震、人为因素等作用下，一方面会导致桥梁结构内部的疲劳性应力不断积聚，进而引起疲劳损伤破坏；另一方面由于桥梁施工的非连续性和不均匀性，再加上上述荷载的反复作用，易引起桥梁路面结构出现宏观裂纹，进而造成结构脆性破坏。针对桥梁结构的疲劳损伤问题，设计人员大多将解决这一问题的重点放在混凝土结构的耐腐蚀性、疲劳缓解等方面，并将桥梁设计的安全性、耐久性作为主要工作内容，以尽可能从设计层面减少疲劳问题的出现。

注：裂纹在滑移带形成后，其第一阶段的扩展应是在最大剪力方向上，阶段一的裂纹扩展具有明显的结晶性质，这一特性会在阶段二部分消失；第二阶段的裂纹扩展，从宏观上看是沿垂直于最大正应力变的方向上拓展，微观上则是持续变化的。

4. 关注市政桥梁在使用过程中的超载情况

在市政道路桥梁发展过程中，若桥梁长时间处在超负荷运行状态，则会对桥梁整体造成不可逆的损坏，且这些损伤是无法通过维修等手段恢复的，这就对桥梁的安全性和耐久性构成了威胁。因此，在市政桥梁设计中，需关注市政桥梁使用过程中出现的超载情况，在施工中严格按照相关标准和要求确保施工质量，以确保市政桥梁在使用过程中的安全、稳定。

总而言之，市政桥梁设计的耐久性和安全性已成为设计人员必须正视和解决的一个问题。这不仅要求设计人员在实际工作中，积极借鉴国内外大量的桥梁建设实例所总结的施工经验，还应结合自身的工作经验，以及市政桥梁的环境问题，加强对市政桥梁的安全性和耐久性分析，以促进市政桥梁建设的科学化、合理化，最终将我国市政桥梁设计提升至一个新水平、新高度。

第二节　施工作业的特点和管理

目前，中国桥梁工程的施工作业和管理一直是市政工程行业讨论的热点话题。虽然桥梁工程的施工和管理也在不断改革和创新，但是在实际的运行过程中仍存在一些问题。因此，文章通过分析市政桥梁施工的特点和工程管理的现状，提出优化市政桥梁施工管理的举措，从而保证市政工程能够在长期的发展中不断地完善和进步。

一、市政桥梁工程概述

1. 市政工程的定义

市政工程，顾名思义，是由政府和国家义务为城市、乡镇地区的基础设施、构筑物、建筑设备等进行公益性的建设和规划，从而保证城市居民的生活质量和城市配套齐全性。其主要服务范围包括：城市乡镇道路建设、桥梁建设、地铁建设以及城市基础公众设施的建设等。例如，与市民息息相关的各种生活管道：雨水管、电管、排污管道、燃气管道等。不仅如此，市区绿化和园林建设等都是市政工程的服务范畴。

2. 桥梁工程的特点

桥梁工程是市政土木工程和河湖水系工程的一部分。首先，市政桥梁工程是由政府无偿或者有偿地对市区、乡镇的桥梁进行定性地貌的现场勘察。其次，根据现场的特点和要求进行绘图设计。再次，对整个项目进行全面的施工和管理。最后，定期对桥梁进行修复和检定。市政桥梁工程需要科学的理念和专业的工程技术，尤其是在桥梁施工的过程中，不仅需要施工人员拥有专业的施工技术，还需要相关管理人员进行有效的分配并安排施工人员开展安全、有效施工。

现在桥梁施工已经拥有较为先进的技术支持和完善的施工设备。例如，目前桥梁施工能够充分利用高效的机电一体化的桥梁设备，从而有效提高工程质量，在保质保量的过程中，大大缩短工程时间、降低工程造价。因此，创新的技术和先进的施工设备有效促进了现代桥梁工程的发展。

3. 市政桥梁施工管理的现状

桥梁施工的管理贯穿桥梁工程的始终，是市政工程尤为重要的项目之一。首先，工程管理部门需要对整个施工过程做好规划。在施工之前，要和采购员进行良好的沟通、检查设备的安全性等。其次，在施工的过程中，要根据施工人员的技能，合理安排施工任务，并且让安全员、监管人员有效监督。定期根据施工的进展，调整和管理施工人员，以保证施工的质量，对材料、设备和人员进行有效的监察。最后，在验收环节，要严格按照施工的标准进行验收，杜绝出现不合格的工程产品。但是，在工程管理的过程中，往往有管理体系的缺失、施工人员技术不佳、施工监管制度不健全等现象出现，无法有效保证工程的质量。

二、市政桥梁施工管理中存在的问题

1. 缺乏系统的管理体系

管理体系严重缺失，使工程的进度、质量、效率都受到一定的影响。首先，施工单位缺乏完善的管理体系，造成部分技术人员懒散施工，工期大大延长，给施工单位造成极大的经济损失。其次，桥梁工程施工过程中，没有严格的监管人员，施工技术人员通常不按照施工手册的操作规范施工，造成施工的质量存在严重的安全隐患。不仅如此，施工人员在施工的过程中，偷工减料的情况时有发生。最后，由于桥梁工程一般都是大型项目，在材料的管理上缺乏严格地把控，造成低质量的建筑材料进入施工现场。例如，一些不法商贩借机和采购员拉近关系，为了贩卖价格低廉、质量不合格的建筑器材而贿赂采购员，而采购员偷吃回扣，将其建筑器材标以高价，运用到桥梁工程的项目中。

2. 施工人员施工技术有待加强

施工技术不到位，施工质量就难以得到保证。一方面，桥梁工程相较于其他普通的建筑物建设要更加复杂和烦琐，需要多种理论知识和实践经验的结合，才能建造出高质量和高水平的桥梁建筑物，并保证工程的长期使用。而实际施工阶段，技术人员往往忽视施工的特殊要求，再加上施工团队的施工技术和能力还有待提升，无法使用先进的技术，仍然使用常规的技术进行施工，造成施工的质量存在严重的问题。其次，随着市政桥梁工程的兴起，桥梁工程项目应接不暇，部分桥梁工程单位为了提高工程效率，加快进度进行盲目赶工，导致施工团队虽然效率提高了，但桥梁问题百出。不规范的施工情况，直接造成桥梁构架存在质量问题。最后，市政桥梁工程通常是以外包的形式承包给工程单位，而工程企业为了创造更多的利润，选择价格低廉的建筑器材进行施工，使施工的技术水平和质量大打折扣。

3. 施工监督管理制度不健全

桥梁施工之所以存在很多问题，没有监察体制的监管也是其中的主要原因之一。一方面，众所周知，工程施工的首个环节就是采购施工材料，而采购是整个施工过程中"油水"最多的环节。一旦缺失监察机构，很大程度上会导致工程采购人员从中抽取施工费用，私吞工程部分款项，引进低质量的施工材料。例如，部分采购人员在对桥梁材料的选择上，一味追求低价的水泥、砂石、线材、钢绞线等，将这种质量不佳的材料标上很高的价格投入工程的使用，将剩下的工程款项据为己有。这不仅破坏了市政工程为民服务的风气，还引得施工人员和管理人员的极大不满，严重影响施工的质量。另一方面，市政桥梁的验收环节中，桥梁荷载试验、钻芯取样、桩基无损检测以及梁板检测等环节往往出现检测报告虚假、检测质量不合格却被通过等情况，给社会和居民的生活造成极大安全隐患。

三、优化市政桥梁施工管理的措施

1. 完善施工管理体系

建立和创新管理结构和管理方法，是管理人员必须重视的工作。首先，管理人员需要定期将施工任务落到实处，落实到每个施工人员的工作当中，避免施工人员懒散施工的现象发生，保证工程进度。其次，在施工的过程中，管理人员应该及时安排管理人员进行定期的抽查，结合施工规范的相关规定，现场查看施工团队是否按照规范要求施工。一旦发现偷工减料和不规范施工的操作行为，应该及时制止和处理，确保施工过程安全有效进行。最后，对建筑材料的采购环节，管理人员必须及时检查材料的质量和材料的价格明细，保证施工的质量。

2. 注重施工人员的综合能力的培养

注重对桥梁施工人员综合能力的培养，是企业对桥梁工程的质量保证，更是市政单位对城市建设的负责和落实。首先，运用先进的施工技术，是时代发展的必然需求。施工单位必须加强对施工人员技术的培训，加强施工团队的技术创新，让施工团队的能力符合现代施工的要求。其次，考虑到桥梁施工的烦琐和复杂性，必须运用不同的施工技术，将实际情况与理论相结合，建造优质的桥梁建筑物。例如，采用先进的预应力技术不仅能够让桥梁混凝土的钢筋结构更加牢固，还能提高桥梁位置施工的准确性，大大降低桥梁工程施工中存在的施工误差，有效提高桥梁工程的施工质量和施工效率。最后，技术和材料必须双重把关，桥梁工程的施工方必须选择符合建筑建设要求的施工材料，保证施工技术的充分发挥。

3. 建立健全监管管理制度

在市政桥梁施工的过程中，施工质量的好坏决定了桥梁工程能否长期、安全、有效地应用，也是此项工程的价值体现。建立健全监督管理制度是市政桥梁的工程中必须重视的环节，一方面能够保证采购人员真正为民服务的责任意识，正确地选择好施工的材料，保证施工的质量；另一方面能够在工程完工的过程中，秉公办事，对好的工程项目进行表扬和赞赏，对不合格的检测报告要及时上交，并重新整顿和监督返工，确保工程质量尽善尽美，从而发挥市政桥梁工程的真正价值。

市政桥梁施工是市政工程中尤为重要的项目之一。本段通过浅析桥梁施工的特点和管理现状，对其中不足之处提出完善建议，供市政桥梁施工的学者和一线施工人员继续研究和探讨，希望其中的优化举措对市政桥梁的建设有一定参考意义。

第三节　桩基施工技术

一、桥梁桩基施工技术的常见类型

1. 人工挖孔桩。人工挖孔桩的施工技术主要的使用条件就是针对桩基比较短、直径比较小的情况。采用人工的方式进行桩基的施工完成整个的挖掘工作，主要就是在孔形成之后，再安装钢筋架、完成混凝土的施工，从而形成桩基来支撑上面部分的结构。此种施工方法涉及的施工工艺并不难，操作起来比较轻易，比较方便进行基桩成孔的检测，与其他的形式相比，具有一定的优势。

2.钻孔灌注桩。此种施工技术在具体实施的过程中，主要有两种方式：一种是正循环钻孔；还有一种就是反循环钻孔。前者主要是向钻杆内循环灌注水泥，在此过程中，钻渣的比重比较轻，往往会在泥浆的上面漂浮，再随着泥浆的上浮慢慢将其排出孔洞。通常情况下，钻渣越多，泥浆的浓度也随之增大，一些钻渣就会沉淀，进而进入到再次的碾磨当中，进而降低整个灌注的效率。

二、桥梁桩基施工技术的实施

1.开挖灌注桩的技术实施

在利用此种施工技术进行施工的时候，一定要遵循设计图纸的要求规范的进行施工，尤其是前期的测量放样，要准确的找出孔庄所在的中心位置，对桩位进行准确的定桩。在桩孔开挖的时候，如果桩与桩之间的距离不大，最好选择间隔开挖的方法进行施工，要对第一节井圈的中心线和设计轴线的偏差进行严格的控制。

2.钢筋笼施工

（1）钢筋笼的制作。在对钢筋进行支架定位的施工当中，一定要准确地找好钢筋之间的相隔距离，确保每个钢筋之间的距离都是平均分布的，还要将间距保持在要求的范围以内。在完成钢筋焊接的施工中，定位圈的焊接可以在钢筋笼的内部进行。

（2）钢筋笼的安装。在进行施工之前，应该检查孔内是否有残渣，或者是有塌陷的地方，专业施工人员应该保证施工质量。在质量得以严格控制，确保了质量以后，才可以安装钢筋笼。在此过程中要特殊注意钢筋笼的搬运工作，尽可能地减少其形状发生问题，安装的时候应该将位置尽量对准，并且迅速地将钢筋笼对准孔内，缓慢放入进去，更需要控制整个的安装过程，尽量不要触碰孔壁，进而减少孔壁变形情况的发生。

三、市政桥梁桩基施工技术的要点

经过专业地钻进和灌注，进一步保证施工进展，促进各项控制指标检测合格。相关项目人员应该根据该桩基的施工过程以及检桩的结果，对桩基工程进行评价和总结，这样做可以为后期大批量生产提供方案及数据支持。

1.桩基灌注施工技术的要点分析。在此项工程的施工当中，涉及的施工技术的控制要点主要体现在两个方面：第一，在桩基灌注之初，要将合适数量的缓凝剂加到混凝土当中，及时地进行导管掩埋深度的测量，保证适合的灌注速度和灌注量；第二，整个施工一定要按照规范的要求进行，严格地讲埋管的深度控制好。

2.桩基钻孔施工技术的要点分析。在桩基钻孔施工的过程中，施工技术的控制要点也体现在三个方面：其一就是钻孔的过程中一定要认真地对钻机底座进行检查，确保稳定；另外一个就是进行低层地貌变化情况的了解，进行有效的事前控制，结合实际情况选择合适的钻孔方法；其三就是一旦出现了钻孔倾斜的问题，要及时进行原因的分析和查找，做好加固工作。

四、常见问题及策略

1.孔壁坍塌现象严重。根据实际的施工的情况来看，可能会出现护壁或者是护筒过程当中水泥使用量不够，导致工程出现坍塌的现象，还有一个原因就是地质本身的施工条件不太好，有没有进行专业的处理，孔内部的泥浆太低，进而产生孔壁坍塌的现象。所以，在工程施工的时候，施工人员一定要保证施工的质量，更应该加强对施工速度进行控制，对质量进行掌控。最后就是在钻井时，应该立即向钻孔中补足泥浆，这样做可以将孔内的水位进行提高，减少失误的出现，减少孔壁坍塌的不良现象发生。

2.孔壁倾斜的现象经常出现。市政桥梁的桩基施工中，还有一个问题就是对地基的勘察工作不够全面和深入，在钻孔的时候，经常会遇到大的石块或者是比较坚硬的土层，这些问题不提前发现和及时处理，就会出现孔壁倾斜的现象。这就需要结合实际情况，做好前期的工作，遇到问题及时采取有针对性的措施进行处理。

桩基在市政桥梁中占据着重要的部分，全面将基桩施工技术进行落实，尽全力完善基桩的施工氛围。根据当前市政桥梁发的实际状况以及实践应用，找出最常见的问题，施工技术人员应该根据现实问题提出合理、有效的解决方案，这样做可以进一步将市政桥梁桩基技术进行自我提高，另一方面还可以给桥梁基桩的施工创造良好的前提条件，进一步保证市政桥梁桩基施工技术的优化。

第四节　预应力施工技术

随着经济的发展，城市的交通流通量增加，进而增加了桥梁的压力荷载和交通荷载，为了保证桥梁的正常通行，就需要对桥梁结构进行加固，而预应力技术在桥梁加固中得到了很好的应用。预应力技术的应用，能够很好地对桥梁的实际结构进行加固，并且能够优化桥梁的部分结构，通过优化和加固之后的桥梁构建，可以减少混凝土的应变程度，进而使桥梁可以产生较好的压应力，桥梁在受到荷载的作用时，就能够通过压应力来抵消拉应力，缓解各种荷载对桥梁产生的不利影响，发挥桥梁加固的作用。

一、预应力技术在多跨连续桥梁施工中的应用

多跨连续桥梁是市政桥梁建设中的主要桥梁结构类型，因为其自身的特点，在多跨连续桥梁结构当中将会产生负弯矩和弯矩，这样将会影响到桥梁支座部位以及中间部位的稳定性，如果处理不当，将会威胁到整个桥梁的稳定性，应用预应力技术，能够解决这一问题。即在正弯矩和负弯矩钢筋连接的位置，使用碳纤维材料来简化施工程序，并且在桥梁负弯矩和正弯矩的部位要借助预应力技术进行加固，保证稳定性。同时，采用这一技术，还能够有效的预防裂缝的产生，提升桥梁的抗弯能力，一举两得。

二、预应力技术应用在桥梁弯矩施工中

市政桥梁建设过程当中，其受弯构建是这个结构当中的重要组成部分，在市政桥梁建设当中，其会形成弯曲构建内部应力的积累，如果在桥梁投入使用之后，其应力或者是压力超出桥梁本身能够承受的限值时，桥梁的弯曲构建就会断裂，威胁到桥梁的使用性能和使用寿命。为了避免这种现象的发生，提升桥梁的使用寿命，在施工中，可以采用预应力施工技术，对弯矩构建进行加固。加固过程中可以选择强度较高的碳纤维材料。

三、预应力技术在混凝土结构施工中的应用

市政桥梁施工中应用预应力技术，经常会出现一定的问题，裂缝问题就是较为突出的问题。通常施工过程中，在预应力施工之前就已经产生了裂缝，而桥梁工程中裂缝的出现也更为常见，裂缝也是钢筋混凝土结构施工中不可避免的问题。裂缝的产生主要是因为温差较大，合理的控制温差，能够减少裂缝的产生。

将预应力技术应用到混凝土结构的施工中，能够对施工中出现的裂缝进行有效的控制，具体来讲，就是在桥梁混凝土结构施工过程中，预应力技术在混凝土结构和构件之前应用，在受拉力的区域事先施加压力，当混凝土结构和构件在受到外部压力的时候，将会缓冲并抵消混凝土中的预压力，之后才能够受到外部的压力，通过这种方式，就能控制混凝土的伸长程度，降低了裂缝出现的概率。

四、预应力施工技术在桥梁施工应用中的具体对策

将预应力技术应用到桥梁施工当中，为了最大限度地发挥其优势，需要注意以下几点。

1.根据施工要求选择恰当的钢绞线

在桥梁工程施工进行之前，施工人员和现场的技术人员需要沟通合作，全面的了解桥梁工程的信息，对于桥梁的结构、选择的技术、施工设备、施工材料等数据信息都要了然于心，同时，要在施工前选择恰当的钢绞线。选择时，要考虑到经济实用和美观方便的要

求，以更好地突出桥梁设计的特点。因为低松弛钢绞线有着实用性能强、工程造价低的优势，因此在将预应力技术应用到桥梁施工过程中的时候，低松弛钢绞线应用非常广泛。同时，施工人员在选择钢绞线的时候还需要以桥梁工程的实际要求为出发点，并结合其延伸率、松弛率以及其他几何参数，选择最佳的钢绞线。

2. 要正确的分析预应力的影响，这是更好的应用预应力技术的基础和前提

将预应力技术应用到桥梁工程项目的施工建设当中，为了更好地发挥其作用，施工人员必须要正确的分析好预应力的影响，这样才能更好地应用它。施工人员和设计人员要进行交流，现场技术人员要结合预应力方面的不同情况数据和信息进行分析，布置大致的框架分布图，对桥梁工程的预应力进行综合全面的分析。并要针对现场中的问题设计应急预案，分析档案的科学性和可行性。

3. 合理选择施工工艺

预应力施工技术可以分为先张法预应力技术和后张法预应力技术，在实际施工中，要根据具体情况选择恰当的施工技术。以后张法预应力施工技术为例进行分析。在支架和模板施工中，一般会应用到这一技术。市政桥梁工程建设区域，没有稳定的地质，地基的承载力不能满足，因此施工中可以采用钻孔灌注桩施工技术，先浇筑混凝土横梁，之后合理搭设碗扣支架。模板安装时则需要按照程序规定进行操作。

预应力施工技术的应用，有效提升了桥梁结构的稳定性，保障了桥梁的质量和使用性能。随着技术的发展，预应力技术也在逐步地完善，其在路桥工程中的应用也越来越广泛，为了更好地发挥其作用，必须要深入研究预应力技术的应用，并结合工程实例科学分析。本段就主要对预应力技术在市政路桥工程施工中的应用问题进行了分析，希望为今后的施工作业提供借鉴，更好的发挥预应力施工技术的优势，提升市政桥梁工程项目的使用性能。

第五节　钻孔灌注桩施工技术

钻孔灌注桩施工技术，作为市政桥梁基础建设中最典型的技术，被广泛应用于现代化的基础建设项目当中，钻孔灌注桩技术工艺简单、成本低、施工方便、适应性强，为市政桥梁施工带来了极大的便利，因此应用范围极广。我国的钻孔灌注桩施工技术普及多年，已经相当成熟，相关技术人员已经具备了比较熟练的操作技术，但由于钻孔灌注桩施工技术具有隐蔽性的特征，导致工程竣工后的验收环节存在一定困难。因此，采取有效措施避免因施工技术的局限性对项目整体安全性带来的影响，加大技术投入，加强相关操作人员的技术水平，让钻孔灌注桩技术在市政桥梁施工中的作用发挥到最大化。

一、钻孔灌注桩施工技术概述

1. 钻孔灌注桩施工技术特点

钻孔灌注桩是指在施工现场通过机械钻孔，或钢管挤压钻孔等方法在地基土中形成桩孔，并在桩孔内放置钢筋笼、灌注混凝土而做成的地桩。钻孔灌注桩在市政桥梁的施工工作中被广泛使用，具有牢固地基结构、增强市政桥梁稳定性、增加使用寿命等作用。钻孔灌注桩由于施工类型的不同，在钻孔方法、孔桩控制等方面存在较大差异。施工者需根据工程对象的不同，选择适合的施工方法。

2. 钻孔灌注桩的施工要点

（1）施工准备

钻孔灌注桩项目施工前，技术人员应首先对施工项目进行实地勘察与项目评估，根据勘察结果结合设计图纸，制定详细的现场施工方案，确定工艺流程及技术要求，做好相关问题的应急处理预案，确保项目的顺利进行。

这里需要重点注意的是：①机具的选择。近几年的施工中，城市道路改扩建工程较多，这一类工程中，为了避免对原桥梁基础和锥护坡的挠动，应选择开挖断面小，震动幅度小的机具；②泥浆池的设置。施工中泥浆池的质量，直接关系成孔质量和后续工序质量，但市政项目大多施工场地受限制，很难设置理想的泥浆池，在以往的经验中，大多采用泥浆船配合泥浆车的形式；③应急预案全面有效。应急预案中除了设置桩基施工中出现的常见问题预案，还应特别关注安全、环保预案的可操作易实施。

（2）施工要点

钻孔灌注桩的施工过程，在做好充分的施工准备后，在施工过程中应严格按照施工计划，加强施工现场的监察、审核、测量评估工作，施工所需的器械设备需检查调制到位，施工材料准备无误，施工工程中要明确轴线标准点及控制点位置，做好装轴线标准测量，依据灌注桩深度与污泥状况，对加工条件及排放量进行全面考量。要依据施工现场土壤层状况对钻孔机速度及深度进行合理调整，避免塌孔情况的出现，钻孔过程中如出现冒浆的情况，要立即停止作业并进行相应补救工作。

二、钻孔灌注桩施工技术常见问题及解决措施

一般情况下，钻孔灌注桩施工技术在市政桥梁施工过程中常见的问题主要有三个：孔壁坍塌、钻孔倾斜及成桩中线偏移，钻孔灌注桩施工作业过程中，要求施工人员应随时对钻孔灌注设备的使用情况进行评估，一旦出现以上问题，及时停止作业并采取相应措施进行补救。

1. 钻孔灌注桩施工作业时的孔壁坍塌问题

孔壁坍塌问题出现的主要原因，是由于护筒埋放位置不准确或钻进速度过快造成的，施工作业中，要求钻孔时护筒位置应埋在紧密硬土层以下 5 ~ 10 米的位置，如果护筒埋放位置不准确，会直接引起孔壁坍塌，给施工作业带来很大难度。因而在钻孔灌注桩施工作业中，应严格按照施工标准，对施工位置，护筒埋放位置进行准确测量，埋放护筒时确保桩机的位置固定准确，钻杆处于垂直水平，按照规范要求的钻进速度范围进尺作业，并及时观察护筒内情况，及时记录钻进过程。

2. 钻孔灌注桩施工作业时的钻孔倾斜问题

钻孔倾斜问题也是钻孔灌注桩施工作业中的常见问题，造成钻孔发生倾斜的主要原因有三个：钻孔灌注桩架机不稳定导致钻孔倾斜；钻头前方障碍物导致钻孔倾斜；钻孔过深或过大导致钻孔倾斜。

针对以上三个问题的解决措施为：

（1）钻孔灌注桩架机不稳导致的钻孔倾斜：确保钻孔灌注桩架机的稳定性，包括钻头与钻杆的连接是否紧密无缝隙，各个零件是否运转正常，是否有零件老化、松懈、故障等，在进行钻孔灌注机架机工作时，确保护筒位置埋放准确，钻杆位置与地面垂直，钻孔灌注机架机位置准确无误。

（2）钻头前方障碍物导致钻孔倾斜：在钻孔灌注机施工作业前，对施工现场的环境进行检查，做好现场清洁工作，使用钻孔灌注机进行作业时，将现场地面障碍物敲碎，简单清理后再行作业。

（3）钻孔过深或过大导致钻孔倾斜：钻孔灌注机作业时，如因操作问题导致钻孔位置过深或面积过大，很容易造成钻孔倾斜，影响后续的作业工作，如出现钻孔位置不准确及面积过大的问题，应及时采用黏土填平，将钻孔位置及大小调整到合适范围，再行作业。

3. 成桩后中心偏位超出规范要求

钻孔灌注桩成桩后的中心偏位合格率，近年来呈下降趋势，究其原因，多为施工人员在操作中忽视细节控制导致。比较常见的是孔位偏移和钢筋笼偏移。

孔位偏移主要是施工中对护桩保护不足，切浇筑前未及时发现，因此，在施工过程中，应根据钻进速度，每天复核桩位 1 ~ 2 次，并在钢筋笼定位前再次复核，保证过程闭合。钢筋笼的偏移，大多是因吊装不准确或浇筑中发生上浮，因此，应尽量避免长吊筋安装，必要时增加护筒辅助定位，控制好混凝土的工作性能。

发生中心偏移后，应及时处理，按照每超出规定范围 1cm，多破除桩头混凝土 1m 的形式，调整钢筋中心位置，重新浇筑成桩（此方法，仅限于中心偏移小于 5cm 的情况）。

钻孔灌注桩施工技术，是目前市政桥梁建设中较为常用的施工技术，以其低投入、易操作、高效率的优势受到施工单位的青睐，在利用钻孔灌注桩技术进行施工作业时，为保证施工质量，要严格按照施工计划进行施工工作，前期准备工作细致到位，施工过程中做好项目管控，施工完成后及时进行验收测评，严格遵守施工章程，科学进行施工管理，确保市政桥梁施工工程的顺利进行。

第六节　现场施工技术

一、市政桥梁施工中的现场施工技术

1. 混凝土施工技术。混凝土施工技术可谓是市政桥梁施工中运用最为频繁的现场施工技术。切实运用该技术时应对混凝土材料的选用、配置予以高度关注，这对质量控制大有裨益。同时，混凝土配合时，需对质量法加以运用，对水泥、水的用量严加控制，保证所有材料的用量契合规范，从而对混凝土材料质量予以强化。在市政桥梁施工中对混凝土施工技术运用时，应对混凝土的浇筑形式予以关注，作业人员需与市政桥梁工程实际需要相结合，通过技术人员引导，依据相应流程进行混凝土的浇筑。

2. 桥梁翻模施工技术。桥梁翻模这一现场施工技术在市政桥梁工程施工中具备显著效用，可保证工程质量安全，延长桥梁的使用期限。在该技术中，螺丝属于关键材料，作业人员应对螺丝质量严加控制，确保其抗腐蚀性与抗压性，如此也就使得购置螺丝材料期间，采购部需和具备较好资质的供应商协作，保证所购置的螺丝质量契合标准，且具体运用时，技术部门需对落实实施有效的质量审核，落实抗腐蚀、抗压性试验，让其质量、性能均与市政桥梁工程施工要求一致。此外，对该技术运用时，需对混凝土比例有效控制，需以行业规范为诶基础，与市政桥梁工程实情相结合，并对模板予以高度关注，在其翻升、放置时均应依据规范行事。

3. 铺装连锁块施工技术。在市政桥梁工程施工中对铺装连锁现场施工技术利用时，应高度关注铺装块的选用和控制，其强度范围应在 25 ~ 65MPa，从而契合工程施工实际。若桥梁运用期间局部有问题，需与实情衔接对局部连锁块有效处理，从而缩减此类工程的运维难度，能在相应层面增强工程应用价值。但有一点值得重视，即对该现场施工技术运用时，需对路基质量严加控制，促使路基质量与施工要求相一致，若施工期间具有不足便需立即换填处理。换填结束以后，需依据施工规范落实压实作业，以此增强路基的稳定性，为确保市政桥梁施工中连锁块铺装技术充分发挥效用，路基压实深度需在 0.75 米以上，压实系数需维持在 0.95 上下，这可谓是换填压实的基准，最终应对稳定性加以检测，对市政桥梁工程的稳定性、荷载力予以保障，若检测期间稳定性与要求不符，便需对风化砾、水泥等拌合，以此确保沙砾稳定，进而保证市政桥梁工程安全可靠。

4. 桥梁滑模施工技术。滑模施工技术也是市政桥梁施工中运用范围较广的现场施工技术，在确保工程质量、维护工程施工及质量安全方面具备显著效用。该技术属于新兴施工技术，在最近几年备受建筑领域关注，其所具有的优势特征即能充分借助爬山式千斤顶这一平台，与施工现场实情相结合，拟定具体且合理的滑模施工技术方案，为市政桥梁施工的有序进行予以支撑。

二、现场施工技术在市政桥梁施工中存在的问题

目前，在市政桥梁施工中对现场施工技术运用时还具有一定的问题亟待改进，具体如下：

1.混凝土裂缝问题

众所周知，市政桥梁工程中混凝土属于关键材料，但因现场施工技术管理未落实，使得混凝土极易滋生裂缝，不仅弱化了桥梁的美观性，也拉低了桥梁质量，更甚者具有一定的安全隐患。在市政桥梁施工中比较多见的裂缝囊括施工、干缩裂缝等，裂缝可谓是混凝土的重要缺陷，怎样避免混凝土滋生裂缝已变为建筑业研究的要点。

2.钢筋腐蚀问题

钢筋即桥梁的重要支撑，是确保市政桥梁工程质量的关键，然而因钢筋腐蚀问题的存在使得市政桥梁具有一定的质量问题。要知道，钢筋腐蚀不仅会使桥梁使用期限减短，更会弱化其结构力学性能，对桥梁荷载力带来直观影响，干扰桥梁的顺利运行，更甚者引发严重的安全事故。经由调查获知，某些建筑企业具有钢筋质量管理不符标准、试验检测未落实等现象，这均会干扰市政桥梁工程建设。

3.排水管问题

路面积水可谓是所有市政桥梁工程建设中的通病。引发此现象的根本在于桥梁工程现场施工作业期间，未对排水设施有效设计，没有严格依据规范对排水施工质量加以管控所致，使得桥梁运用时具有积水情况，对行车安全极为不利，导致交通事故率增加。

4.施工人员素养不高

众所周知，国内从事建筑事业的工人多以农民为主，他们往往未接受较好教育，故而文化层次不高，这就使其在市政桥梁工程施工时难以正确掌握先进的施工技术，匮乏较好责任心，惯于依据自身经验进行作业，加之人员流动性强，加大了管理难度，使得市政桥梁施工质量备受影响。

三、现场施工技术在市政桥梁施工中的管理措施

针对市政桥梁施工中运用现场施工技术存在的问题，提出了如下策略：

1.防范混凝土滋生裂缝

为改善市政桥梁施工中的混凝土裂缝现象，便需确保施工工序的设计规范有效，需对

混凝土材料配比严加管控，剂量需与技术要求相一致，如此方可确保混凝土强度。同时，具体施工时需对振捣强度、速度予以高度关注，就高温施工环境下，拆模实践需适中，应通过低温井水等加以搅拌，规避温度裂缝滋生。

就在高温环境下运行的桥梁来看，需对混凝土的隔热设计予以高度关注并落实到位，酌情加设钢筋配比，确保桥梁强度。

2. 避免桥梁钢筋腐蚀

若桥梁钢筋和湿润空气大幅解除，将具有钢筋腐蚀情况，故而市政桥梁施工中需位于钢筋表层涂刷防护物，将其和湿润空气进行物理隔离。同时，需高度关注施工工序，防腐蚀物需在安装期间实施，防止其在钢筋运输等环节被损坏，弱化效果。另外，也可利用电化学方法避免钢筋腐蚀，但该方法所需成本较大，就运行时具有钢筋腐蚀的市政桥梁需立即选择适宜的举措，提升其质量。

3. 处理桥梁排水系统渗水现象

市政桥梁施工前，需依照实际环境对排水管线合理设计，保证排水设施规划科学，落实排水管材料质量管理，对购置的排水管材实施质量检验，以此保证管材质量、型号等与规格相符，规避桥梁使用后具有渗水漏水情况滋生。特别是排水系统接口材料，不但要确保材质，还应对接口尺寸予以高度关注，保证接口安装完成后具有较强的防水性。另外，桥梁排水接口填料需和管道相一致，并对桥梁排水系统有效检测，防止渗水漏水。

4. 增强施工人员素养

人员因素对市政桥梁施工质量具备直观影响，建筑企业需规定时间对施工人员组织专业的现场施工技术培训，增强其整体素质，优化队伍管理，提升施工质量与安全意识。

概括而言，现场施工技术在市政桥梁施工中不容或缺。本段先对市政桥梁施工中的现场施工技术及现场施工技术在市政桥梁施工中存在的问题进行了分析，而后基于实际提出了现场施工技术在市政桥梁施工中的管理策略，望以此为市政桥梁施工的顺利实施予以保障。

第七节　结构裂缝及加固技术处理

一、在市政工程中，桥梁结构裂缝形成原因

1. 由于桥梁地基形变而产生的裂缝

因为桥梁的基础在垂直的方向出现了不均匀的沉降或者说在水平发现上发生了过大的位移而导致出现了下沉的情况，会使得在整个桥梁的结构中出现过大的应力。并且伴随着

应力的增加，如果混凝土的抗拉力低于了应力，那么桥梁上便会出现不同程度的裂缝。

2. 由于荷载原因造成桥梁的裂缝

一般来讲，所谓荷载裂缝指的是混凝土结构的桥梁，在动荷载、自身形变产生的次应力以及静止荷载的作用之下而出现的裂缝。一般会把荷载裂缝分成次应力裂缝和直接裂缝，在施工的时候，如果在构筑物之上无限的对方工具或者施工材料，没对充分的了解受力结构的特点，对桥梁施工的设计不注重，私自的更改施工的程序，导致了在结构受力的模式上出现了很大的变化，最终使得在桥梁之上产生了裂缝。

3. 由于温度变化使得桥梁陈胜裂缝

混凝土所具有的一个特性是热胀冷缩，所以说，温度发生变化能够引起混凝土的热胀冷缩，进而使得桥梁施工产生裂缝热。在进行桥梁的混凝土施工的时候，很大的水热化会在混凝土的内部发生，外部环境的温度与其内部温度的温差较大，混凝土非常容易因此而发生馅饼。假如没有对其进行适当的处理，那么混凝土结构内部会有很大的温度应力产生，如果混凝土的抗拉强度低于了温度应力，那么就会产生裂缝。

4. 由于钢筋的锈蚀而引起的桥梁裂缝

如果混凝土的保护层厚度不够或者混凝土浇筑的质量不达标的时候，钢筋会被空气中的二氧化硫、二氧化碳等酸性的气体侵蚀，钢筋混凝土周围的碱度会被降低，钢筋的表面所形成的氧化膜会被破坏，最后导致了钢筋出现了不同程度的锈蚀。钢筋锈蚀物的体积远远大于原来钢筋的体积，进一步还会产生膨胀应力，最后使得混凝土的保护层脱离、裂。同时，如果钢筋发生了锈蚀，那么原有的有效承载面积会降低，那么钢筋混凝土结构的承载力也会下降，最终会使得混凝土产生裂缝。

5. 由于混凝土的收缩而引起的桥梁裂缝

在施工的工程中，混凝土可能会出现不同程度上的收缩情况，桥梁出现裂缝的另一个主要的原因便是混凝土的收缩问题。因为在凝化的过程里，其他的某些物质会跟混凝土中的水泥产生一定化学反应，许多新的物质会因此生成，如果再与空气接触，那么空气中的二氧化碳会与混凝土水泥中主要的成分氢化钙发生化学反应生成碳酸钙，氢化钙体积比碳酸钙体积大，那么混凝土的收缩现象就会出现；或者说在浇筑完混凝土之后没有对其进行覆盖，导致长时间的暴晒，混凝土中的水分因此而过度蒸发，进而导致了裂缝的出现。

二、在市政桥梁施工中关于防治裂缝的技术措施

1. 桥梁地基基础的压实度要提高，减少沉降裂缝的出现

在压实桥梁的基础的过程里，必须保证每层蹭团承载能力已经达到了目标的要求。

2. 混凝土的摊铺施工质量要提高，减少受力裂缝的出现

（1）松瀑高度合理能够保证混凝土摊铺的平整度，混凝土的振捣均匀性、摊铺密实度都会因此增加，摊铺的质量会大大提高。

（2）其中，滑模摊铺机摊铺的速度必须控制在 2 ~ 3m/min 之内。要根据混凝土拌合物的稠密度，将摊铺速度适当调整，如果拌合物比较干，摊铺的速度应当减慢，将其控制在 0.7 ~ 1.3m/min 之内，如果拌合物相对比较湿，那么摊铺的速度应当加快，需要控制在 1.6 ~ 2.5m/min 之内。

3. 根据混凝土凝结的时间，提高混凝土的凝结效果

（1）在浇筑混凝土的时候，浇筑的时间应当是在混凝土初凝的时间之内，这样可以有效地避免设置施工缝。

（2）如果说因为停电或者机械的故障而无法使浇筑作业正常进行，假如已经超出了混凝土的初凝的时间，那么就要对之前浇筑的混凝土的表面，凿出接茬，之后铺一层水泥浆在上面，然后继续浇筑混凝土，这样可以有效避免裂缝的产生。

4. 加强混凝土结构的养护，减少后期裂缝的出现

（1）如果在较热的天气下施工，想要使得结构的表面足够潮湿，那就应当在其上盖一层塑料膜或者合理定期的洒水。

（2）如果在较冷的天气中施工，那就需要保持好温度，比如说在表面涂刷保温材料或者在混凝图表面覆盖一层塑料膜。

（3）在建筑完成之后，必须等一段时间才能继续进行表面的施工工作。

三、桥梁结构裂缝的处理技术

1. 桥梁结构裂缝的维修技术

（1）对出现裂缝的桥梁进行检测的时候必须根据实际情况来选择合适的检测仪器。一般来说会用以下三类技术来进行检测：

①桥梁结构裂缝长度的检测技术。可以使用卷尺来标记测量桥梁结构裂缝，对裂缝进行测量时应当隔一段时间测量一次，这样才能确定裂缝的具体情况，同时应当根据裂缝可能造成的各种危害及时地对其进行补救，这样桥梁整体的安全性才能得到保证。

②桥梁结构裂缝宽度的检测。在检测桥梁结构宽度的时候，一般会使用高倍数的放大镜，这样对于裂缝的宽度以及裂缝的走向和发生的位置都能清晰地看到，裂缝测宽仪主要就是测量裂缝的宽度，如果裂缝宽度发生变化，测宽仪也会与之相对的发生改变。

③桥梁结构裂缝的深度检测的技术。深度检测仪能够使用超声波对桥梁裂缝的深度进行检测，还能够用酚酞酒精溶液来检测裂缝的深度。

（2）关于桥梁结构裂缝的维修与处理。表面粘贴法、开槽填补法、压力岩浆法以及表面涂抹水泥岩浆法是经常用的裂缝维修处理的方法。

①关于表面涂抹修补的技术。一般使用环氧岩浆或者水泥岩浆来进行表面抹灰的涂抹工作，在涂抹的时候，必须保证表面的平整，如果表面过于粗糙，应当先对其进行洗刷。在涂抹工作完成之后，应当对其进行洒水养护，避免温度或者太阳的照射对其造成不良的影响。

②关于压力岩浆技术。钻孔的位置以及裂缝的修补范围都应当根据实际的情况来进行，应当根据所测量的数据来对浆液的用量进行预估。钻孔时应当顺应着裂缝，在完成钻孔工作以后，要从上到下用水对孔冲洗，之后再把浆液灌入混凝土里。这种技术可以有效地维护桥梁的结构，使得桥梁的安全与稳定得到保证。

2. 关于桥梁结构裂缝的加固技术

（1）在配置混凝土的时候，各种环境条件可能对其造成的影响都应当充分考虑到。如果环境中温度比较高，那么应当将混凝土配置过程里的水分含量严格的控制好，相应的添加剂在这个过程中应该加上，这样混凝土的强度才不容易受到外界因素的影响。

（2）在施工进行的时候，要严格的控制施工的工艺，应当由专门的人来检查工程的质量。在混凝土结构浇筑的过程里，时间的控制是最重要的。在混凝土振捣的过程里，必须保证振捣的效果，严格控制其质量。

越来越多的桥梁建造技术在我国基础建设中得到了广泛应用，其中，制约着桥梁结构建设的一个关键性的因素就是桥梁结构的裂缝问题，桥梁结构的安全性能、承载能力以及桥梁的美观都受到结构裂缝的影响，结构裂缝会给桥梁带来各种安全上的不确定因素。因此我们必须加强对桥梁施工的关注，严格地控制其质量，保证工程的顺利进行，让工程的质量的到有效的保证。

第八节　箱梁施工技术

一、市政桥梁施工中箱梁施工技术的基本概况

目前，我国市政桥梁工程的快速发展，箱梁技术是在桥梁工程施工过程中比较普遍的应用技术。这类施工技术重点包含支架施工、混凝土的灌注以及模板使用等方面的内容，因此要对箱梁施工技术进行完善主要从这几方面着手。如今我国在市政桥梁的施工建设中依旧存在着很多质量和管理方面的问题，箱梁技术也不够完善，某些施工环节很容易受到影响，间接影响到整个桥梁工程的施工质量。另外，在市政桥梁工程的施工过程中，因为工程管理部门对于工程施工的管理安排不合理，导致箱梁技术在施工过程中没有严格的监

督，因此还有待完善。

对于市政桥梁施工技术的发展，一定要重视箱梁技术在桥梁工程施工中的应用，不断提高箱梁施工技术。市政桥梁工程的施工质量对整个城市的交通运输系统都有着很重要的影响，严重关系到城市交通的安全性。如今因为桥梁施工质量问题而导致的交通安全事故常有发生，这不但对路上的行人和车辆产生安全方面的影响，而且还会导致巨大的经济损失，对城市的建设发展造成负面影响。通过提升市政桥梁施工过程中箱梁技术的水平，能够在很大程度上提高市政桥梁工程的质量，这样可以在很大程度上减少一部分交通事故，进而能够有效地保证行人出行的交通安全，提升城市交通运输的安全性和可靠性。

二、箱梁施工

1. 模板安装

将支架搭设成整体后做全面检查。检查合格后，将方木放到支架上部；在铺设方木的过程中，应使用水准仪对标高进行测量，通过对顶托高度的适当调整确保方木高程和反算结果完全相符，然后在方木的表面铺设一层垫木，为防止施工中破坏底模，完成对方木的铺设后应做好预压与观测。完成预压后，计算预拱度并调整标高到与计算标高相符为止。完成对标高的调整后进行复测，经复测确认合格后铺设一层竹胶板，将其作为底模。底模和垫木都应使用铁钉固定，以形成整体，防止施工中底模发生位移。

底板做好后进行侧模的安装，安装时对垂直度进行严格控制并固定牢靠，确保腹板尺寸满足要求，在侧模上安装方木作为内楞，按 30cm 的间距布置；外楞的安装间距为40cm。将内模加工好后，待底板与腹板的钢筋完成绑扎且经检验确认合格后，吊放到箱梁中。箱梁中模板安装应牢固，且尺寸准确、表面光滑、平整，符合设计与规范的要求。

模板的安装应满足以下技术要求：①在模板安装过程中，对钢筋绑扎有影响的模板需要在安装好钢筋后支设，且模板不能与脚手架相连，否则将使模板发生变形。模板安装前支设悬挑脚手架；②对侧模进行安装时，需要采取措施避免模板发生凸出与位移，侧模应设置横向支撑与固定；③将模板安装好，检查平面位置、顶端标高、节点连接情况与横纵向的稳定性，经检查确认合格后，进入到下一道工序；④模板安装时，应设置防止倾覆发生的设施。

2. 钢筋制安

钢筋加工统一在加工场中进行，焊接统一在工棚的工作台上进行，严格遵循先放样再焊接的顺序。在焊接过程中，应按照规定进行取样试验，经试验确认合格后，方可运出场外，到桥面上进行绑扎。根据底板底层钢筋设计位置，由人工使用粉笔做出明确标记，为钢筋绑扎提供指导。布设钢筋的过程中，若有冲突，需遵循分布筋让主筋和细筋让粗筋等基本原则。

钢筋安装按照以下顺序进行：①对箱梁底板下部的钢筋网进行安装和绑扎；②对腹板

上的钢筋骨架及钢筋进行安装；③对横隔板上的钢筋骨架及钢筋进行安装；④对箱梁底板上部的钢筋网与侧角钢筋进行安装与绑扎；⑤安装波纹管并对顶板上、下两层钢筋网进行绑扎，最后安装好所有预埋件。

钢筋加工和安装过程中应充分注意下列事项：①场中的钢筋应根据其种类、等级和规格挂牌、分开堆放，采用上盖与下垫的方法防止钢筋锈蚀和损坏；②钢筋的加工应统一在场中集中进行，完成加工并检查合格后运输到现场进行安装；③钢筋的混凝土保护层实际厚度应满足设计与规范的要求；④钢筋安装时，应提前设置好预埋件和预留孔道；⑤对钢筋骨架进行焊接时，应采用分层调焊的方法，也就是从骨架的中心开始不断向两端进行焊接，先对骨架的下部进行焊接，然后焊接骨架的上部。在焊接时，对电焊机电流进行随时调整，避免由于电流量较大导致咬筋。在条件允许的情况下，应优先考虑双面焊的方法，如果无法做到双面焊，也可进行单面焊。将钢筋焊接好后，及时将焊渣清除掉并开始自检，自检合格后，由监理工程师复检，待复检确认合格后才能进入下一道工序。

3. 混凝土施工

准备工作完成后，对所有预埋件、钢筋和模板进行检查，合格后开始混凝土施工。箱梁的混凝土浇筑应一次成型。浇筑从其中一端向另外一端按梯状分层进行，上、下层间的前后浇筑距离按 2m 控制，完成对下层的浇筑后，要在初凝之前进行上层浇筑。

经适配确定合适的混凝土配合比以后，由监理工程师检查审批，通过后方可在施工中使用。拌和混凝土前，对原材料含水量进行测定，将拌和用水量控制在标准范围后，按照配合比开始试拌，坍落度按 110 ~ 140mm 严格控制，搅拌时对水灰比进行严格控制，避免泌水与离析。

在实际的浇筑施工中，应注意下列要点：

（1）浇筑施工前，清除模板中的垃圾和杂物并检查预埋件、钢筋和模板是否符合浇筑条件，确认合格后方可开始浇筑。

（2）浇筑时应与纵向中心线相对称，先对中心进行浇筑，在浇筑两侧。分层厚度一般取 30cm，浇筑时，要对混凝土坍落度进行随时检查。

（3）在浇筑的同时应使用振动棒持续振捣，振动棒的移动间距应控制在其有效作用半径 1.5 倍以内，作用半径一般为半径的 8 ~ 9 倍。

（4）振捣过程中，振动棒需要和模板有 5 ~ 10cm 的间距。对上层混凝土进行振捣时，要将振动棒插入到下层 10cm 左右。当混凝土液面不再下沉，且没有新的气泡产生时，可停止振捣，但要防止过振与漏振，完成振捣后缓慢抽出振动棒。

（5）浇筑施工中应安排专人对支架及模板的实际情况进行连续观测，如果模板发生漏浆，应使用海绵条进行填塞处理。浇筑施工前，在截面的 L/2 处和 L/4 处分别悬挂一条垂线。在垂线下挂上钢筋棍，然后地面上相对应的位置设置钢筋棍，于钢筋棍的交错部位做好标记，对浇筑时底板发生的沉降进行观测并掌握支架垂直方向上的位移情况。如果有异常现象发生，应立即停止施工，确定产生原因并解决后，恢复浇筑施工。

（6）对箱梁顶板进行混凝土浇筑时，应在顶板钢筋表面以 5m 的间隔距离布置钢筋棍，把钢筋棍直接焊接在箱梁顶层，其顶端标高取顶板标高，以此对顶板浇筑横坡与标高进行严格控制。

（7）完成收浆抹面工序后开始人工拉毛，由人工使用钢丝刷沿横桥向连续拉毛，拉毛的深度按 1 ~ 2mm 严格控制。在拉毛时应掌握好时间，如果时间过早，将严重带浆，对平整度造成影响；而过晚将使拉毛深度不足，通常要根据工程经验确定适宜的时间，以用手指轻压后有微硬感为基准。抹面一般分成两次实施，其中，第一次主要是对混凝土表面进行找平，在接近终凝且表面没有泌水存在时，开始第二次抹面。抹面完成后，在横桥向上人工拉毛。

（8）向顶板预留孔中浇筑混凝土之前，应将箱中的杂物清理干净，以免堵塞底板上的排水孔。设于主梁顶面上的预留孔，其四壁都应进行凿毛处理，向孔中浇筑的混凝土应通过振捣达到密实状态。

（9）浇筑时对预埋件位置与数量、支座钢板及校正情况、设于端部的锚垫板和制孔器等进行随时检查。

（10）箱梁混凝土浇筑完成后立即开始养护，养护过程中，应使混凝土表面始终保持湿润，避免受到长时间的日晒和雨淋。对于外露面，应在收浆和凝固后使用麻袋片完全覆盖，同时随时向麻袋片上浇水。养护时间根据设计和规范要求，结合温湿度情况确定，一般不能少于 7d。

（11）混凝土强度符合设计要求后，对支架与模板进行拆除。在拆除过程中，应保证有序性与对称性，按照先侧模、再底模的顺序进行。在拆模过程中不可猛烈敲打，拆下的支架与模板及时进行维修和保养，供下次继续使用。

中国建筑业的技术发展速度相对较快，一些技术已达到世界级水平，箱梁技术的应用也遍布世界各地。然而，随着箱梁技术在市政桥梁施工中的应用的越发深入，出现的问题也越来越多。建筑公司需要在施工过程中积极创新管理理念，吸收成功经验和技术，促进中国建筑业的可持续发展。

第六章 市政桥梁施工机械化及智能化控制

第一节 桥梁机械化与智能化施工控制现状

一、桥梁施工技术发展

新中国成立初期，由于设备的限制，桥梁施工多采用土牛胎、竹木支架、拱架现浇或砌筑工艺，桥梁施工主要以手工作业为主。改革开放促进了科学技术的大力发展，建筑材料、施工机械设备不断发展和应用，桥梁施工技术得到不断改进和提高。

在钢筋混凝土桥梁的时代，桥梁上部结构施工可以说主要是现场浇筑的施工方法。随着预应力混凝土的广泛应用，机械设备的不断发展和应用，构件预制化的发展，促进了桥梁施工技术的迅速发展。桥梁上部施工方法不断丰富，主要有就地浇筑法、预制安装法、悬臂施工法、转体施工法、顶推施工法、移动模架逐孔施工法等。南京长江大桥桥梁施工中，研究、设计、制造了一系列关键性的施工机具和设备，创造了一些新的施工工艺，如管桩下沉、钻孔洗壁、循环压浆、悬拼调整、高强螺栓安装等，保证了工程质量。在我国桥梁技术发展中具有重要意义。

科学技术的飞速发展，促进桥梁施工技术取得了实质性的飞跃，先进的桥梁施工技术不断出现。目前我国桥梁的建设目标是整体性能优良、结构的变形较小、结构刚度较大、抗震能力强等，这也是目前桥梁施工技术发展的主要趋势。桥梁施工向大型化方向发展，对桥梁施工技术的要求也不断提高，从测控手段、测控精度以及数据处理方法等方面都有了比以前更高的要求。

施工技术的不断丰富，促进了施工机械设备的发展，机械设备的更新换代又引起施工技术的进步和发展，形成了多种多样的施工工艺。李自光编写的《桥梁施工成套机械设备》一书中指出，桥梁工程施工大量、广泛采用通用机械设备和桥梁专用设备，代替手工作业，极大地提高了工作效率，缩短了工期。先进的施工技术和先进的机械设备的发展是相辅相成的，先进的施工技术要以先进的机械设备作为保证手段，同时，先进的机械设备又使得施工方法越来越丰富多样，推动了先进施工技术的发展。

二、桥梁施工机械化与智能化发展

由于工业革命的影响，国外工程机械早在 20 世纪早期开始发展，具有代表性的是 1904 年卡特彼勒前身 Holt 制造公司工程研制成功第一台蒸汽履带式推土机，1921 年日本小松公司成立等，都成为早期国外研发制造工程机械的开端。我国工程机械的发展是从新中国成立后开始的，大致可分为四个阶段：

第一阶段（1949-1960 年）：为萌芽与准备时期；

第二阶段（1961-1978 年）：为行业形成时期，第一机械工业部组建成立了五个机械管理专业局；

第三阶段（1979-1997 年）：为行业向市场经济过渡的全面发展期；在这个阶段具有代表性的是 1989 年徐工集团、三一集团成立。

第四阶段（1998- 至今）：进入国际化发展时期。1992 年长沙中联重工科技发展股份有限公司成立，1993 年广西柳工机械股份有限公司成立，1999 年湖南山河智能机械股份有限公司成立，2004 年山东众友工程机械有限公司成立等很多机械研发与制造公司相继成立，为我国施工机械的开发、研制做出了卓越的贡献。

新中国成立之初，百废待兴，大量工程项目急需建设，面对当时很多工程施工都要靠手工操作的状况，1956 年 5 月 8 日，国务院做出《关于加强和发展建筑工业的决定》，指出：为了从根本上改善我国的建筑工业，必须积极地有步骤地实行工厂化、机械化施工，逐步完成向建筑工业化的过渡。在工业厂房、住宅以及矿井、电站、桥梁、隧道等工程积极采用工厂预制的装配式结构和配件。相应地，要求建筑安装队伍专业化，以便于迅速掌握技术，提高机械化施工程度，保证质量和安全，提高劳动效率。

1964 年 10 月，唐山铁道学院学报，夏孙丁、王川等发表的"桥梁建筑工业化的现状与发展趋向"中提出了实现桥梁设计标准化、实现桥梁构件制造工厂化、实现桥梁施工机械化，即"三化"的发展趋势和持续发展。

"十一五"发展规划提出，推进建筑业技术进步，完善工程建设标准体系和质量安全监管机制，发展建筑标准件，推进施工机械化，提高建筑质量。

标准化施工的提出和开展，提高了施工机械化水平，促进了更多桥梁专业机械设备在工程施工中的应用。

桥梁施工机械化程度不断提高。如何改进和实现桥梁施工机械设备现代化，满足发展要求，成为机械设备加工行业研究的方向，也是满足市场需求条件的要求。

BICES2011 年第十一届中国（北京）国际工程机械、建材机械及矿山机械、商用车展览与技术交流会的顺利落幕，促进了工程机械行业的发展与技术交流，体现了绿色、变革、擎起未来的发展趋势。

BICES2013 第十二届中国（北京）国际工程机械、建材机械及矿山机械展览与技术交流会顺利举办，促进了工程机械新技术新产品的推广，体现了效率更高、节能减排、降低噪声污染等行业发展趋势。

BICES2015 第十二届中国（北京）国际工程机械、建材机械及矿山机械展览与技术交流会召开，各大企业在不断转型升级中，新产品也不断革新，在这次展览会中充分体现了工程机械智能化、数字化、互联网化、节能化、环保化等特点，将转变整个工程机械行业的生态模式。智能控制系统在工程机械上的应用，促进工程机械产品向高效、节能、环保、智能方向发展，实现我国工程机械的整体升级换代。未来，除了应用于装载机、挖掘机外，智控系统也将逐步推广到叉车、小型机、桩工、混凝土机械等其他产品领域，开创工程机械智能产品的全新时代。

随着我国经济、社会持续发展，桥梁施工作业集约化、规模化程度不断提高，传统、低效、半机械化的各种加工设备已不能适应现代施工要求。工厂化、规模化、标准化、精细化、便捷化、高效化、智能化对桥梁施工机械设备提出了更高的要求。随之，大型、特种、专用工程机械和技术含量高、能耗低、功能完善、操作维护简单的产品不断出现，桥梁施工设备升级换代速度加快，设备品种、应用不断丰富。

第二节　桥梁机械化施工

一、先进设备的引进

随着我国高速公路建设的迅速发展，桥梁施工设备也随之向集成化、自动化、智能化方向发展，一些先进设备也得到了应用和推广。施工机械化程度的高低，对工程建设的投资控制，进度控制和质量控制起着十分重要的作用。本项目适应新形势发展，按照标准化、精细化、专业化施工要求引进了一些先进的钢筋加工设备、混凝土施工设备、双导梁架桥机及一些精细化施工采用的先进小型设备。

二、先进设备的应用

（一）钢筋加工设备

钢筋是桥梁建设过程中必不可少的材料之一，为适应公路建设需要，本项目按照标准化、精细化施工要求，大力推行钢筋工厂化、机械化、专业化加工，确保在半成品制作规范、合格的前提下采用先进安装工艺，消除钢筋骨架尺寸不合格，保护层难于控制，钢筋制安标准低的质量通病。

桥梁施工中采用了几种新型的钢筋加工设备，如数控钢筋调直切断机、数控弯曲中心、数控弯箍机、钢筋笼滚焊机、钢筋直螺纹连接设备等。提高了钢筋加工的效率、精度，降低了对钢筋原材的损耗。

1. 数控钢筋调直切断机

数控钢筋调直切断机用于盘条钢筋调直，钢筋切断。

工作原理：钢筋在牵引机构的送进过程中，通过外部辊轮式预矫直和内部筒式回转调直机构将盘条钢筋进行调直，然后由切断机构定尺切断。

使用时，首先要设定好加工长度和数量后，然后系统自动进行加工，可以自动定尺、自动切断、自动收集、自动计数。采用的 GT-12 数控钢筋调直切断机，标示图标明白易懂，显示屏输入，操作简单，容易掌握；调直效率高，平均每分钟可调直约 180m；定尺长度误差可控制在 1mm 以内，调整精度可控制在 1mm/m 以内，调直精度高；GT-12 数控钢筋调直切断机还具有自动监控，自动报警系统，便于故障查找和排除，加工可靠性高的特点。

2. 数控弯曲中心

数控弯曲中心用于加工棒材钢筋。由原材输送台、弯曲主机、导轨、成品收集架四部分组成，可一次性加工多根同规格的钢筋。首先，人工要将弯曲尺寸输入到操控中心，然后，主机开始工作，自动行走定位、弯曲，完成后自动收集到指定位置。

采用数控弯曲中心制作钢筋，自动化程度高，精确的齿条定位系统，使弯曲长度、弯曲角度精确，能够自动计数，大大降低了劳动强度，提高了钢筋加工精度和工作效率。成套控制系统，性能稳定，工作可靠，自动诊断，可视化故障报警功能使设备管理更加便捷。

3. 数控弯箍机

数控钢筋弯箍机主要用于冷轧带肋钢筋、热轧三级钢筋、冷轧光圆钢筋和热轧盘圆钢筋的弯钩和弯箍。桥梁工程钢筋加工中数量最多的就是各种箍筋，对钢筋骨架整体成型效果影响最大的也是箍筋。采用普通弯箍机加工效率低，精度低，不能满足现在高标准、高要求的桥梁施工要求。因此，本项目在钢筋制作中，采用了数控弯箍机进行工厂化加工箍筋。1 台数控弯箍机平均每天可以制作 4 ~ 6t 钢筋；数控弯箍机角度调节范围广，0 ~ 180° 可任意调整，能弯曲方形，梯形箍筋和 U 型钩等；定尺准确，大大提高了施工效率和施工质量，尤其对预制构件大批量箍筋的加工效果非常好。数控弯箍机可在操控中心系统预先输入 500 种加工图形，加工时只需调出使用，钢筋调直、牵引、弯曲、切断全过程自动完成。1 台设备只需要 1 个工人进行操作便可完成，自动化程度高，大大降低了劳动强度。后期维修保养简单，只需更换刀片、弯曲芯轴等，使用成本相对较低。

4. 全自动钢筋笼滚焊机

全自动钢筋笼滚焊机由主盘旋转，推筋盘推筋，扩径机构移动、焊接机构移动四部分传动系统组成，并由各自独立的电机进行驱动。要预先设定制作参数，采用机械旋转，主筋和盘筋缠绕紧密，间距比较均匀。先成型后加内箍筋，确保钢筋笼同心度满足规范要求。

一次性焊接成型，加工精度高，速度快。

全自动钢筋笼滚焊机配套有螺旋箍筋调直机，在主筋下料完成后，能自动完成主筋和螺旋筋上料、定位和安装工作，且相邻两节钢筋笼主筋能同时定位，能保证钢筋笼拼装的准确性。

传统施工工艺加工钢筋笼多采用人工和辅助工具进行主筋固定、螺旋筋缠绕及焊接，加工效率低、劳动强度大。由于是人工操作，加工精度相对难以控制，极大程度上取决于工人的加工经验、水平及工作素质。

钢筋笼滚焊机，箍筋不需搭接，较之手工作业节省材料约 1%，降低了施工成本。由于采用的是机械化作业，主筋、螺旋筋的间距均匀，钢筋笼直径一致，质量稳定可靠。由于主筋在其圆周上分布均匀，多个钢筋笼搭接时很方便，既满足规范要求，又节省了吊装时间。钢筋笼滚焊机加工钢筋笼保障了施工质量，提高了工效，降低了成本。

5. 钢筋直螺纹连接设备

钢筋连接型式有三种：绑扎连接、焊接连接和机械接头连接。绑扎连接仅当钢筋构造复杂，施工困难时采用；焊接连接的质量对焊工的技术要求高，需要较多的电焊机，且花费时间较长，高空焊接时操作困难，无法适应现在又快又好作业的要求；机械接头连接工艺有锥螺纹连接、镦粗直螺纹连接、滚压直螺纹连接、套筒挤压连接、剥肋滚压直螺纹连接。精细加工丝头是钢筋直螺纹连接接头质量的根本保证，在本项目桥梁施工中钢筋连接采用剥肋滚压直螺纹连接技术和设备。

该设备的操作工艺：首先将切好的钢筋端头夹紧在设备上，利用滚丝头前端同轴组合飞刀对钢筋的纵横肋进行切削，使钢筋滚压螺纹部分的直径及长度满足滚压直螺纹的要求，然后利用控制器使飞刀张开，螺纹滚丝头随即跟进滚压螺纹，形成丝头。

钢筋直螺纹连接，套筒与丝头的咬合密不密贴也是影响连接质量的因素，所以，在加工丝头前要对钢筋端头进行切平，保证钢筋端面与钢筋轴线垂直；加工好的丝头要进行打磨去刺，磨平端面，确保与套筒连接时咬合密贴。

钢筋直螺纹连接设备及工艺的特点：操作简便、施工效率高、丝头强度高、连接质量稳定、节约钢材、经济、安全。是目前钢筋连接较好的施工技术和设备。

6. 钢筋存放、吊装设备

钢筋加工厂棚，采用轻型钢结构彩钢瓦进行搭设，顶面和两侧墙设有透光瓦，增强光线度，钢筋加工棚面积 $1800m^2$，设钢筋原材区、加工区、半成品区和成品区，分类堆放，编码整齐，清晰有序，有利于管理。在显眼处挂统一规格标示牌，成品、半成品的标示牌包含钢筋规格型号、设计大样图、用途、质量、状态等信息，便于查找选用，避免钢筋安装出现查找难、尺寸和规格不相符等管理通病。棚内设两台 5t 龙门吊，用于装卸钢筋原材及半成品调运。

（二）混凝土搅拌站

混凝土的生产是工程建设的命脉，是工程建设的主要控制项目，因此混凝土搅拌站的选型和建设非常关键。本项目拌和站选型：根据项目工程特点，混凝土用量，工期要求，本着节约土地资源和建设设备资源周转利用的原则，对搅拌站进行选型和建设。本项目混凝土总量为 5 万方，工期两年，本单位自有两台主机 JS1000 的 HZS50 搅拌机，所以采用了第一种，配料机组合式搅拌站。

JS1000 强制式搅拌机的构造：有独立的支架平台，平台由搅拌主机、水泥、水及外加剂等配料称量装置组合成一个主体配料搅拌系统。骨料配料由装载机上料，自动升降配料机给料，强制式搅拌机搅拌；水泥由水泥罐储存，螺旋输送机输送，水泥秤计量；水由水泵供给，水称计量；整个生产过程由电脑控制系统自动、准确控制材料用量和拌和时间，保证混凝土质量，并可储存配方，方便操作。

混凝土拌和站选用产量满足生产需要、操作性能良好的搅拌设备；并对拌和站进行合理布局，规范、高标准建设；封闭式、精细化管理，保证了混凝土生产效率和生产质量。

（三）大跨径现浇连续梁施工设备

1. 混凝土运输车

在浇筑大方量混凝土之前必须对混凝土运输车进行检查，确保车况良好，混凝土运输车配置数量根据混凝土浇筑方量进行确定。为保证混凝土的供应质量，混凝土自搅拌机中卸出后，要及时运至浇筑地点，路途不得耽搁。在运送砼时，搅拌筒转速应控制在 2 ~ 5r/min，并将搅拌筒的总转数控制在 300 转内。若砼的运输距离较长或坍落度较大时，出料前应先将搅拌筒快速转动 5 ~ 10 转，使里面的砼能充分搅拌，这样出料的均匀性就会大大提高。运输过程中要保持混凝土的均匀性，避免分层离析、泌水、砂浆流失和坍落度变化等现象发生。

2. 汽车泵

汽车泵型号要根据桥梁长度及两侧施工空间进行确定，本桥采用两台 47m 汽车泵从端头向中间进行浇筑，一台汽车泵的最大泵送量为 35m³/h，两台泵车连续施工 8 小时才能浇筑完成。由于泵送对混凝土和易性（流动性、保水性、粘聚性）要求较高，特别是混凝土的泌水率要符合要求，否则容易引起混凝土在泵送过程中发生堵泵现象；对于高标号混凝土，坍落度通常在 200mm 左右才能满足泵送要求，坍落度也不能过大，容易发生离析，同样会堵泵。此外，泵送混凝土对材料的级配有一定的要求，要求砂、石料的级配比较好。因此，一般泵送混凝土会加入一定量的泵送剂，改善混凝土的和易性，使混凝土能顺利从甬管中输出。

汽车泵在现浇混凝土中的应用，缩短了施工时间，避免产生施工缝；节省运送过程产生的附加成本，减少混凝土浪费；泵送可以保持混凝土中的水分，保证浇筑质量；采用手持操作器，一个人就可以指挥泵送杆进行操作，可大量节省浇灌时的人力。汽车泵具有布料方便，泵送量大，便于施工的特点。目前在大体积、高空作业的现浇混凝土施工中被普遍采用。

3. 穿索机

钢绞线穿索机是由机械进行传动，滚轮夹持钢绞线进行传送，可以前进，可以后退，可以连续传送，也可以电动传送，由人工手动控制按钮进行操作。穿束前只需要人工搭设好操作平台即可，操作方便、效率高、穿束质量好，是长跨径连续梁预应力钢绞线穿束的理想设备。以往人工穿束最少需要 5 ~ 6 人进行作业，采用穿索机只需 2 人便可完成穿束工作，大大减轻了劳动强度，节约了人力资源。

（四）双导梁架桥机

上部结构简支桥面连续小箱梁有 20m 和 25m 两种跨径，最大梁重 76t。由于受地形条件限制，不能采用大型汽车吊进行安装，综合比较，选用 150t/40m 双向双导梁架桥机进行小箱梁安装。

1. 双导梁架桥机的组成及特点

采用的双向双导梁架桥机，由双主导梁、支腿、吊梁小车、走向机构、横移机构、电控系统组成。

主导梁采用三角桁架，可以双向行走，不用掉头便可反方向架梁；过孔不需要铺设专用轨道，可自平衡过孔；架设边梁时可一次到位，安全可靠；同时，能够满足大坡度、小半径曲线桥、45° 斜桥架梁的要求，具有运行工作范围广，性能优良，操作方便，结构安全的特点。

2. 架桥机使用要求

架桥机要有架机制造许可证、出厂合格证、生产厂家营业执照、设备维修记录等资料；架桥机操作人员要有特种作业操作证；运梁车（炮车）要有出厂合格证，司机要有操作证。

架桥机安装前要制定安装、拆除方案，并经本单位技术负责人、监理单位总监理工程师审批同意。架桥机安装由具有资质的单位和专业人员进行，安装完成后要经过当地质量监督部门验收合格，方可使用。

架设前，要制定架梁、运梁施工方案，做好运梁、架梁作业指导书、技术交底和安全交底。

3. 小箱梁安装施工工艺

在小箱梁架设前，对已拼装好的桥机须进行试吊，确保架桥机的各部位运行安全。检查各构件及绳索的完好性及接头的稳固性，不得出现松动及滑移现象。

小箱梁安装安排专人进行指挥，现场其他人员统一听从指挥，安装顺序与运梁顺序保持一致。小箱梁采取兜底起吊，在梁板顺桥向移到基本到位稳定后，再进行横桥向移动，移动到位后落梁,在落梁下放过程中必须保证慢速稳定,不得冲击桥机支腿、垫石、支座等。

在梁体准确就位后,梁体两端两侧必须进行支撑,防止梁体倾覆。每跨架设完成的梁片之间必须通过横隔板钢筋及湿接缝钢筋进行连接,每道湿接缝不少于5处连接。以加强梁板的安全和稳定。在一跨架设完成后进行过孔前必须对湿接缝和横隔板钢筋进行焊接处理,焊接数量为湿接缝钢筋的1/3,横隔板主筋全部焊接,确保架桥机过孔安全、稳定。

小箱梁就位后要检查支座与梁底楔形块接触是否紧密,如有脱空,必须起吊加垫调平钢板,然后重新就位,直至无脱空。箱梁安装时要进行平面位置和高程复核,避免安装时横向湿接缝宽度不均匀,桥梁整体偏位,或横坡偏差较大。安装时注意预留伸缩缝宽度要符合设计要求,避免箱梁端头抵死或距离过大。

(五)桥面整体化层施工设备

1. 桥面整体化层质量通病防治措施

桥面整体化层直接承受车辆荷载和温度作用,参与主梁变形和受力,施工质量的好坏直接影响桥梁整体使用性能。近年,桥面整体化层出现了一些质量通病,如裂缝和剥落现象,引起了大家的广泛关注。

为防治桥面整体化层施工质量病害,设计、施工单位都提出相应的措施:设计方面,在预制梁顶面增加连接筋,对于桥面连续体系,在墩顶增加桥面连续加强设计;采用钢纤维混凝土;

施工方面,加强梁顶拉毛和凿毛的施工控制,提高了预制梁与桥面整体化层的黏结质量;另外,选择先进的摊铺、振捣、整平设备可以提高桥面整体化层施工质量。

2. 三辊轴振动整平机的特点

三辊轴振动整平机主体部分是一根起振密、摊铺、提浆作用的偏心振动轴和两根起驱动整平作用的同心轴,振动轴始终向后旋转,而其他两根可以前后旋转。

工作时,机械向前运动,振动轴向后高速旋转,同时通过偏心振动,使混凝土骨料下沉,砂浆上浮,起到提浆作用;同时将振动轴前方的混凝土向前推移,行进过程中填平低限处,起到整平作用;后退时停止振动,安静滚压,消除振动轴甩浆时留下的条痕;三辊轴振动整平机一般要进行2~3遍往返作业,并且人工配合整修、填平、检查,必要时采用刮杠辅助整平。由于三辊轴振动整平机的振捣深度一般为3~5cm左右,而桥面整体化层一般为10cm,所以施工时还要配备一台安有插入式振动棒的振捣机,具备自动行走功能,确保混凝土振捣均匀,密实。

三辊轴振动整平机具有振捣、摊铺、提浆、整平的作用;具有自动行走,施工方便,速度快,整平精度高,坚固耐用,维护保养简单的优点,是桥面整体化层施工较好的施工设备。

（六）桥梁施工小型设备

随着近年桥梁施工精细化要求的提出，小型设备随之被应用在桥梁施工中，代替手工作业，改善施工质量，降低劳动强度，提高施工效率，也降低施工成本。

1. 混凝土凿毛机

近年来，新旧混凝土结合部的处理，引起了广泛的关注和研究。混凝土凿毛质量直接影响了混凝土构件黏结质量，小箱梁主要对翼缘板端部、梁端、横隔板端部以及顶板进行凿毛。翼缘板端部和横隔板端部凿毛质量是影响箱梁横向连接的重要因素，梁端凿毛质量影响封端的质量，箱梁顶板的凿毛质量影响桥面整体化层施工质量。桥面整体化层表面浮浆不处理，会造成防水层失效，桥面铺装剥离、破坏。

为了预防新旧混凝土结合部质量通病，加强混凝土凿毛质量控制，经过市场调查和工艺比选，本节选用了气动手持式凿毛机进行小箱梁端部的凿毛，选用手推式凿毛机进行箱梁顶板凿毛，采用抛丸处理桥面整体化层表面浮浆。

气动手持式凿毛机，采用空压机辅助，凿毛机在压缩空气的推动下，以高速度、高频率和高冲击能力下击碎混凝土表面，达到凿除表面浮浆的效果。每台机只需要一人进行操作，平均每小时可凿毛 $10 \sim 15m^2$，凿毛深度均匀，密度高，改善了以往手工凿子、剁斧，凿毛密度不够，深度不匀的通病。手持式凿毛机机型小，机身轻便，具有移动方便，操作简单，效率高的特点。适用于箱梁翼缘板端部、封锚端头、横隔板端部的凿毛。手推式凿毛机是由多个凿毛头组合而成的整体式手推行走移动的凿毛机，每付有 11 个凿毛头，凿毛头采用高优质钨钢金合制作，每付凿毛头使用寿命在 $3000m^2$ 以上。

凿击频率可达每分钟24000 次，每小时凿毛面积可达 $30 \sim 100m^2$，因混凝土强度不同，效率有所差异。一般情况，在混凝土强度达到 50% 左右，进行凿毛，效率会高些。由于箱梁顶板设有桥面连接钢筋，需沿梁长方向凿完一道再移至另一道继续凿毛。手推式凿毛机适用于面积一般大小的箱梁顶板，适宜手推行走的部位进行凿毛，具有凿毛效率高，操作方便，凿毛效果佳的特点。

抛丸处理是指通过机械的方法把丸料（钢丸或砂粒）以很高的速度和一定的角度抛射到混凝土表面，让丸料冲击混凝土表面，然后通过机器内部配套的吸尘器的气流进行清洗，将丸料和清理下来的杂质分别回收，丸料可以被再次利用的技术。桥面整体化层一般采用车载式抛丸设备，配有除尘器，可做到无尘、无污染施工，既提高效率，又保护环境。抛丸机操作时通过控制丸料的颗粒大小、形状，调整和设定机器的行走速度，控制丸料的抛射流量三个参数，确保抛丸处理后表面的理想粗糙度。抛丸处理工艺能够一次将混凝土表面的浮浆、杂质清理和清除干净，对混凝土表面进行打毛处理，使其表面均匀粗糙，大大提高防水层和混凝土基层的黏结强度。而且在此过程中，抛丸处理工艺能够充分暴露混凝土的裂纹等病害，以便提前采取补救措施。

2. 混凝土抹平机

桥梁支座垫石顶面高程、平整度、四角相对高差，规范允许值只有 2mm，以往施工中为了确保垫石施工质量，采用水准仪精准测量和水平尺辅助人工多次抹面的方法进行控制。在本项目桥梁支座垫石施工中采用了混凝土抹平机进行抹面处理，抹平机是利用电机使十字盘旋转带动安装在其上面的抹盘做同步旋转，达到对混凝土表面进行抹光处理的效果。经过混凝土抹光机处理的支座垫石表面较人工抹面更加平整、光滑，大大提高了工作效率，降低了劳动强度。混凝土抹光机除了用于支座垫石抹平外，还可用于其他部位混凝土顶面的抹平处理。

3. 混凝土钻孔机

桥面泄水孔预留一般设计都是从箱梁预制时就要在箱梁顶板进行预留，泄水孔预留通常采用预埋 PVC 管或者制作可取出反复利用的钢筒进行预留孔洞。本节桥梁泄水孔的设计尺寸为直径 150mm，若采用 PVC 管预留泄水孔，一是材料使用较多，二是往往难以取出，市场上的 PVC 管直径 150mm 指的是外径，导致实际孔径往往不够；若预埋直径偏大的 PVC 管，又造成后续封堵困难，较好的做法就是制作直径符合要求的钢筒来预留孔洞。箱梁预制时泄水孔预留误差、架设时梁板偏位的误差、桥面整体化层施工时预留泄水孔的误差累积起来，泄水管安装时大多无法进行。针对这种情况，采用了混凝土钻孔机进行泄水孔钻孔处理，采用 168mm 钻头，直径大小正好，一台机仅需一人便可进行操作，每天 8 小时可钻 20 ~ 30 个孔。采用混凝土钻孔机处理预留孔可一次到位，施工方便，效率高，能较好地解决泄水管安装的问题。

桥梁施工中引进成套数控钢筋加工设备，钢筋集中加工，分区存放，工厂化管理，统一配送，降低了劳动强度和管理难度，提高了钢筋加工质量和效率。混凝土拌和站合理布置、高标准建设、合理选用搅拌设备，对各种原材料的进场、存放、使用采取相应的保证措施，保证了混凝土的拌和质量和供应能力。采用双导梁架桥机安装小箱梁，大跨径现浇连续梁机械化施工，采用三辊轴振动整平机施工桥面整体化层等先进设备的应用，提高了桥梁施工机械化程度。

桥梁施工中大量引进和应用新型、专业化、自动化机械设备，改变了传统手工作业和半机械化作业劳动强度大，施工误差大，施工效率低的缺点。提高机械化程度，选择先进、专业化的机械设备，能够促使桥梁施工向专业化、精细化发展。

第三节　桥梁智能化施工

桥梁结构耐久性是影响桥梁安全、结构寿命的关键因素，上部结构的提前损坏如出现早期下挠、开裂等病害以及桥梁安全事故发生是国内交通行业日益关注的问题。桥梁施工质量往往都是靠人的素质、责任和监督管理来实现的，然而受人为手工操作误差、人员素质参差不齐等原因的影响，使得桥梁施工质量很难达到理想的效果。因此，近些年很多企业研发了桥梁智能化施工控制工艺和设备，通过实践证明，比以往手工操作取得了相当可观的成效。

一、智能张拉在桥梁施工中的应用

随着桥梁工程的发展，预应力技术已被广泛应用于各种结构的桥梁中，预应力施工质量的好坏，直接影响结构的耐久性。不少桥梁因为预应力施工不合格，被迫提前进行加固，严重的甚至突然垮塌，给社会造成了巨大的生命财产损失。分析原因，主要是因为传统张拉工艺，施工人员凭经验手动操作，人工读数、计算、判断预应力施工的质量，误差很大，无法精确控制预应力施工质量。

本节非常重视预应力工程施工，为了消除手动操作误差，提高预应力施工质量，杜绝人为因素对施工质量的影响，引进了智能张拉设备及工艺。

（一）智能张拉设备

国内近些年对智能张拉开展研究的单位很多，如湖南联智桥隧技术有限公司、西安璐江桥隧设备有限公司、上海同禾土木工程科技有限公司、上海耐斯特液压设备有限公司、柳州泰姆预应力机械有限公司等。也都研发出了各自相应的张拉设备，也都在不同的工程中得到应用。经过设备招标、比选，鉴于西安璐江桥隧有限公司采用的是手持式遥控器控制箱，较其他厂家采用电脑 PC 端进行现场控制操作，更加方便、快捷，最终选用了西安璐江生产的，四台千斤顶、两台控制主机的成套智能张拉设备，实现了预应力小箱梁四顶同步、均匀张拉。

预应力智能张拉设备由千斤顶、电动液压站、高精度压力传感器、高精度位移传感器、变频器及控制器组成。

工作原理：通过手持遥控器控制箱进行操作，控制两台控制主机同步实施张拉作业，控制主机根据预设的程序发出指令，同步控制每台设备的每一个机械动作，自动完成整个张拉过程，实现张拉控制力及钢绞线伸长量的控制、数据处理、记忆存储、张拉力及伸长量曲线显示。手持遥控器控制箱由嵌入式计算机、无线通信模块、数据储存卡等构成，可实现与主机的智能通讯，人机交互，与 PC 机通信的功能，可通过与电脑连接，随意调取、打印张拉数据。通过传感技术采集每台张拉设备（千斤顶）的工作压力和钢绞线的伸长量等数据，并实时将数据传输给系统主机进行分析判断，实时调整变频电机工作参数，从而实现高精度实时调控油泵电机的转速，实现张拉力及加载速度的实时精确控制。

（二）智能张拉施工工艺

1. 准备工作

按照桥涵施工规范对钢绞线进行取样检验，检测钢绞线的力学性能和松弛率符合要求方可使用。通过检测可得到钢绞线的弹性模量，计算钢绞线理论伸长值，复核设计伸长值是否正确。

张拉开始前要按规定对千斤顶和油泵进行配套标定，得到千斤顶和油压表之间的对应回归方程。

技术人员利用外带笔记本电脑将梁号、孔道号、千斤顶编号、回归方程、设计张拉控制力值、钢绞线的理论伸长量等数据及预应力施工记录表格式输入控制箱。

对预留孔道孔口进行清理，确保工作锚具、夹片能安装符合规范要求。预应力钢绞线在安装之前一定要采用扎丝进行编束，扎丝间距1.5m，确保钢绞线编束整齐，避免在孔道内缠绕。整束钢绞线的端部要进行包裹，避免在穿束过程中发生散头现象。

（1）张拉过程

连接好线路，锚具、千斤顶安装到位，测试正常后按照设计张拉顺序启动自动控制系统进行张拉。张拉作业时，操作人员利用控制箱上的选择键，确定当前所张拉的梁号和孔道号，油泵在手持控制箱控制下工作，给千斤顶缓慢供油，操作工人调节工作锚、限位板、千斤顶及工具锚的相对位置，等两端张拉设备全部安装调整到位。两端千斤顶到随意的一个很小的力值时，安装工作完成。两端张拉施工人员撤离，采用遥控器启动自动张拉程序，整个张拉过程由智能张拉设备自动操作完成。当张拉达到控制张拉力时油泵自动停止工作，并且对伸长量是否满足规范要求做出判断。按照设定的持荷时间持荷后，千斤顶自动回油收回张拉缸，取出工具夹片、锚具，该组预应力束张拉工作完成，便可移顶进行下一组预应力束张拉。

智能张拉过程中如果应力或伸长量出现异常，应立即停止张拉工作，检查设备运行是否正常，锚垫板、夹片、千斤顶等安装是否正常，管道是否进浆堵塞，根据智能张拉主机显示的数据规律和设备情况，查找原因，并及时进行处理。

（2）张拉数据输出

手持控制箱内置大容量储存器，可以保存多组张拉参数及张拉数据。通常在当天完成张拉工作后，将手持控制箱通过数据连接输出至电脑端，直接生成预应力张拉原始数据报表，可供查看、打印。

2. 预应力智能张拉的特点

智能张拉设备较传统张拉设备油缸分辨率高，油压响应时间短，应力读取速度快，伸长量读取的精确度高，加载速度程序化不受人为因素影响，可实现多顶同步均匀张拉。

（1）能够精确施加张拉力

智能张拉依靠计算机运算,应力读取速度快,能精确控制施工过程中所施加的预应力力值。

（2）能够及时校核伸长量，实现"张拉力和伸长量的双控"

系统传感器实时采集钢绞线伸长量数据，反馈到计算机，自动计算伸长量，比人工计算速度快，能够及时校核伸长量是否在 ±6% 范围内，实现应力与伸长量同步"双控"。

（3）实现多顶对称两端同步张拉

自动控制系统通过计算机控制两台或多台千斤顶的张拉施工全过程，同时、同步对称张拉，实现了"多顶对称、两端同步张拉"。

（4）智能控制，规范张拉过程

智能张拉自动化控制系统，自动采集、保存张拉数据，自动计算总伸长量，自动控制停顿点、加载速率、持荷时间等。避免人工读数误差，人为原因操作不规范造成的数据不精确。智能张拉利用智能系统的高精度和稳定性，完全排除人为因素干扰，有效确保预应力张拉施工质量。

（5）便于质量监督、管理

业主、监理、施工、检测单位在同一个互联网平台，实时进行交互，突破了地域的限制，及时掌控预制梁场和桥梁预应力施工质量情况，实现"实时跟踪、智能控制、及时纠错"。有利于控制施工质量，保障桥梁结构安全。

（6）节约人力资源，降低管理成本

人工张拉要实现四顶两端对称张拉，最少需要 6 个人来完成操作，而且张拉时间较长。采用智能张拉，只需要 3 个人便可完成操作，大大节约了人力资源，提高了工作效率，降低了管理成本。

二、智能压浆在桥梁施工中的应用

桥梁工程施工过程中，预应力钢绞线主要是通过水泥浆体与周边混凝土有效结合，实现锚固可靠性的提升，进而有效提升桥梁结构的抗裂性能与承载能力。桥梁工程的施工过程中，若预应力管道压浆密实度不够，内部孔隙过大，会对结构的耐久性造成非常大的影响，进而影响整个桥梁结构的使用寿命。管道压浆施工质量近年被引起广泛关注和高度重视。

（一）管道压浆质量判断

公路桥涵施工技术规范中规定：当压浆的充盈度达到孔道另一端饱满且排气孔排出与规定流动度相同的水泥浆时，关闭出浆口，稳压 3 ~ 5min，孔道压浆完成。压浆后可通过检查孔检查压浆的密实情况，即在压浆初凝后从进浆孔或是排气孔用探测棒探测管道是否饱满，有无空洞；或者通过计算浆体压进孔道总量和孔道缝隙体积及喷浆体积的关系来确定密实度。这些常规的判断方法误差较大，不能根本反应管道压浆的真实情况。

随着管道压浆质量被越来越重视，如何控制压浆质量、如何判断管道压浆是否真正密实，成为亟待解决的问题。近年来，我国很多企业经过大量试验、研发了智能压浆控制系统，通过主机显示的进、出浆口压力差来判断管道是否充盈密实，并且测定压力差是否在一定的时间内保持恒定。该系统通过多参数自动判断压浆饱满度，并能实时显示，便于及时进行质量管控，对提升管道压浆质量，起到了积极的作用。

（二）智能压浆设备

为了提高孔道压浆施工质量，本项目经过比选，采用了湖南联智桥隧技术有限公司的智能压浆设备。

智能压浆设备主要由进浆口测控箱、出浆口测控箱及主控机三部分组成。实时监测压浆流量、压力和密度参数，同时通过控制模型计算，自动判断关闭出浆口阀门时间，及时准确地关闭出浆口阀门，自动完成保压、压浆。

智能压浆系统的工作原理：智能压浆系统主要是通过压力进行冲孔，使得管道内部的杂质得以排尽，有效消除管道内部压浆不密实的情况。此外，在预应力管道的进浆口与出浆口，通过安装精密的传感器装置，实现水胶比、管道的压力、压浆流量等参数的实时监测，并将监测的数据及时发送至计算机主机，结合主机的分析与判断，对相应测控系统进行相应反馈，使得相应的参数值能得到及时调整，直至整个压浆过程顺利完成。

（三）智能压浆施工工艺

1. 准备工作

压浆材料准备：在 JTG/TF50-2011 公路桥涵施工技术规范中建议采用专用压浆料或专用压浆剂配置的浆液进行压浆。因此，本项目我们采用的是厦门兴纳科技有限公司的专用预应力管道压浆料进行压浆。

设备准备：按照智能压浆设备结构连接好搅拌桶、压浆泵、进浆口测控箱、出浆口测控箱及主机。

管道冲洗：利用压浆设备直接进行预应力管道冲洗。

2. 智能压浆施工过程

管道压浆料水泥浆按照水胶比 0.26 ~ 0.28 分批进行拌制，一次拌和不大于 $1m^3$ 水泥浆。首先计算好所需水量和压浆料，并用称量设备称量准确后，先在搅拌机中加入 80% ~ 90% 的拌和水，开动搅拌机，均匀加入全部压浆料，边加入边搅拌，待全部压浆料加入后快速搅拌 2min 后慢速搅拌 1min，然后加入剩余 10% ~ 20% 的拌和水，继续搅拌 1min，水泥浆拌和完成。采用两次加水拌制水泥浆，能够使水泥颗粒表面形成较薄的水膜，减少水泥颗粒之间的包裹水，提高水泥浆的流动性。

水泥浆拌和好后，利用主机开启智能压浆系统，整个过程只需供应好足量的水泥浆便可自动完成孔道压浆，一个孔道压浆完成后，移至另外一个孔道，直至整个箱梁孔道全部完成压浆工作。

智能压浆设备在管道进、出浆口分别设置有精密传感器实时监测压力，并实时反馈给系统主机进行分析判断，测控系统根据主机指令进行压力的调整，保证预应力管道在施工技术规范要求的浆液质量、压力大小、稳压时间等重要指标约束下完成所有孔道的压浆，能确保压浆饱满和密实。

（四）管道智能压浆的特点

管道智能压浆具有精确控制水胶比、自动调节压力与流量、精确控制稳压时间、自动记录压浆数据、浆液持续循环排尽空气等特点，保证压浆饱满密实，符合规范和设计要求。

1. 设备特点

通过"五个控制"提高压浆质量。采用智能压浆设备，能够控制水胶比为 0.26 ~ 0.28；压浆压力为 0.5 ~ 1.0Mpa；能够准确判断关闭出浆口时间；保压时间自动控制为 3 ~ 5min；保压压力能够保持在 0.5 ~ 0.7Mpa。杜绝了人为控制的随意性及人工误差，确保管道压浆密实。

2. 调整压力和流量，排除管道内空气

智能压浆可通过调整浆体压力和流量，将管道内空气通过出浆口和钢绞线丝间空隙完全排出，达到管道密实的目的，并可带出孔道内残留杂质。

3. 实时监测压力、流量、密度并进行调整

通过精密传感器实时监测各项参数，并反馈给主机，再由主机做出判断并自动进行调节。及时补充管道压力损失，使出浆口满足规范最低压力值，保证沿途压力损失后管道内仍满足规范要求的最低压力值 [28]。及时调节浆液流量和密度，在稳压期间持续补充浆液进入孔道，待进、出浆口压力差保持稳定后，判定管道充盈。

4. 监测压浆过程，实现远程管理

压浆过程由计算机程序控制，压浆过程受人为因素影响降低，可准确监测到浆液温度、环境温度、注浆压力、稳压时间等各个指标，切实满足规范与设计要求。并且自动记录压浆数据，可通过连接 PC 端打印报表。可通过无线传输技术，将数据实时反馈至相关部门，实现预应力管道压浆的远程管理。

5. 一键式全自动智能压浆，简单适用

系统将高速制浆机、储浆桶、进浆测控仪、返浆测控仪、压浆泵集成于一体，现场使用只需将进浆管、返浆管与预应力管道对接，即可进行压浆施工。操作简单，方便施工。

6. 预应力孔道压浆施工质量得到保证

智能压浆工艺配合专用压浆材料，对超长孔道压浆施工质量有很大的提升。智能压浆系统可以有效保障预应力管道内部的浆液密实度，实现内部孔隙的降低，能够提升桥梁预应力施工质量。

三、智能养生在桥梁施工中的应用

混凝土浇筑后由于水化热作用需要适当的温度和湿度条件，才能使混凝土强度不断增长。若养护不到位，混凝土水分蒸发过快，容易形成脱水现象，内部黏结力降低，或产生较大的收缩变形。所以，混凝土浇筑后初期阶段的养护非常重要。

为了提高混凝土初期养护质量，本项目对预制小箱梁采用智能养护，有效防预防了梁体表面出现干缩裂纹、混凝土强度不够等质量通病。

（一）智能养护设备

水泥混凝土智能养护系统旨在通过一键实现全周期自动养护。智能养护系统由智能养护仪主机，无线测温测试终端，养护终端（包括喷淋管道和养护棚）组成。主要配件包括内置吸水泵、压力、温湿度变送模块、电磁阀、调速变频器、PLC、配电系统等。

一台智能养护仪可供养护 6 片梁，其中喷淋管道采用的是 180° 可调节双枝高雾喷头，喷淋效果好。

水泥混凝土智能养护系统采用先进的无线传感技术、变频控制技术，通过控制中心根据不同配合比混凝土放热速率、混凝土尺寸、周边环境温湿度自动进行养护施工。排除人为因素干扰，提高养护效率与养护质量。

（二）智能养护施工

预制小箱梁混凝土浇筑完成后，待混凝土终凝后对箱梁顶板采用土工布覆盖，布置好养护管路以后，接通电源，连接外部水源，按下启动按钮，一键启动智能养护系统，自动完成全周期养护施工。

智能养护设备能根据梁体周边环境温湿度自动判别是否开启恒压喷淋以及控制喷淋持续时间，达到智能养护的目的，并能够对养护全过程技术信息进行记录与保存，形成养护施工记录表格（喷淋时间、湿度、温度等等）及相关的曲线（温湿度 - 时间曲线）。

（三）智能养护的特点

1. 全周期监测温、湿度，适时喷淋以提高养护质量

智能养护系统全过程监测梁体周边环境温度、湿度并自动做出判断控制喷淋管路完成养护，适时引导水化热释放，防止早期温度裂缝的出现，提高混凝土强度和耐久性。

2. 根据混凝土水化热量及水化过程热量释放率有针对性的养护

不同配合比的混凝土，其集料、水泥品牌、水泥用量等因素的不同对梁体的整体水化热影响很大，同时养护周期内不同时间点的水化热释放量是不同的，智能养护系统对此进行有针对性的养护，以切实保证水化热平稳的释放。

3. 规范养护过程

根据施工技术规范及养护方案要求对水泥混凝土进行规范养护，极大可能的降低人为因素的干扰，保存养护周期内温度、湿度、喷淋启动时刻、喷淋持续时间、喷淋水压等全过程技术参数，便于质量管理与质量追溯。

4. 一键完成养护、提高养护效率

智能养护系统可一键操作，自动养护全周期，方便操作，节省人力，极大地提高了养护效率。

四、智能检测机械设备在桥梁施工中的应用

随着我国高速公路大力建设，为了加强桥梁施工阶段的质量管理与控制，各种桥梁检测设备和技术不断被研发和应用，桥梁无损、智能检测成为检测设备发展的方向。本节主要介绍本项目在混凝土钢筋保护层、结构尺寸检测，锚下预应力检测、交工验收检测等方面采用的检测设备和技术。

（一）钢筋保护层厚度检测仪

钢筋保护层测定仪，用于对钢筋混凝土结构钢筋施工质量的检测，是一种无损检测设备。可根据已知钢筋直径检测钢筋保护层厚度，检测钢筋的位置、布筋情况。

钢筋保护层测定仪由保护层测定探头，钢筋保护层测定仪主机和信号电缆三部分组成，电源为可充电锂电池。适用于钢筋直径 $\phi6 \sim \phi50mm$，保护层 $6 \sim 190mm$ 控制范围的钢筋施工质量测定。具有携带方便、检测速度快，自动记录储存数据，可导出检测报表的功能。

采用钢筋保护层检测仪进行施工自检，能够及早地检测并发现施工问题，及时调整控制方法，确定改进措施，保证混凝土结构钢筋施工质量满足设计和规范要求。

（二）手持激光红外线测距仪

手持激光红外线测距仪，测量距离一般在200米内，精度在2mm左右。除能测量距离外，还能计算测量物体的体积。本项目采用手持激光红外线测距仪，测量结构物尺寸、柱间距、跨径等，具有方便实用，数据精确，效率高的特点。

（三）智能反拉法预应力检测仪

随着对桥梁预应力施工质量的越来越重视，除了现场规范施工外，如何确定张拉后的有效预应力，备受关注。本项目作为试点委托广州和立工程有限公司对项目有效预应力进行检测。

采用智能反拉法预应力检测仪进行桥梁锚下有效预应力检测，检测设备由智能张拉控制系统、张拉主机、穿心千斤顶、锚具夹片等张拉工作组成。

采用反拉法进行混凝土梁锚下预应力检测，需在张拉完成后 24 小时内，且未压浆的条件下进行检测。智能反拉设备的原理是根据弹模效应与最小应力跟踪原理，当千斤顶带动钢绞线与夹片延轴线移动 0.5mm 时，即测出有效预应力值。智能反拉系统通过位移传感器和应力传感器将数据传输至电脑软件系统，及时进行数据分析，并通过软件显示的 F-S 曲线，监控曲线的斜率变化，当曲线出现拐点，斜率明显变化时，计算出的即为有效预应力值。由于反拉时夹片随钢绞线轴线移动 0.5mm，夹片仍牢牢咬住钢绞线，回油后，钢绞线会恢复原状，锚下有效预应力不会变化，因此达到无损检测的效果。

智能反拉法进行锚下预应力检测，由于是逐根钢绞线进行检测，因此根据检测结果可以计算，判断单根、整束、同断面的锚下有效预应力值偏差是否满足控制要求，同断面、同束不均匀度是否满足控制要求。并且可作为对预应力钢绞线梳束、编束、穿束、调束工艺控制和张拉工艺控制的评价依据。锚下有效预应力检测在提高桥梁预应力精细化施工和验收检测中具有极高的应用价值。

（四）桁架式桥梁检测车

桁架式桥梁检测车由汽车底盘和工作臂组成。由液压系统将工作臂弯曲深入到桥梁底部，在桥梁底部形成独立工作平台，使检测人员能安全、快速、高效地从桥面到达桥下或从桥下返回桥面。可以随时移动位置，方便进行流动检测或对缺陷进行维修处理。桁架式桥梁检测车具有操作简单、稳定性好、承载能力大、工作机动灵活、作业效率高且不用中断交通的特点。是进行桥梁流动作，业和流动检测良好的辅助设备。

智能化施工设备，通过传感器原理，数字控制程序，实现自动化、智能化操作，通过实时监测各项技术参数，自动控制与调整，提高了施工质量。智能化设备和技术的应用促使桥梁施工向智能化时代迈步。

第四节　桥梁机械化与智能化施工管理与控制

桥梁机械化、智能化施工的基本意义是引进适用新型机械设备，优质、高效、安全、低耗地完成工程施工内容，提升施工管理成效。新型自动化、智能化机械设备的引用，就必须建立一套完善的管理体系、规章制度和管理办法与之相适应。

一、建立施工管理组织机构

建立机械化、智能化施工管理组织机构，对桥梁施工拟采用机械设备进行选型、配套设计和施工组织管理，建立岗位责任制，加强人员培训与学习，加强机械设备维修与保养，管理好适用新型的机械设备，提高桥梁施工管理成效。

二、桥梁施工机械设备选型与配套设计

机械化施工控制，首先要确定好机械的选型，即根据施工内容、工程量大小、工期要求，合理选择施工机械。施工机械要具有适应性、先进性、经济性、安全性、通用性和专用性的特点。其次，确定机械的合理组合，即技术性能组合和类型数量组合。结合桥梁施工中采用的机械设备，以及以往施工经验，经过分析研究，得出了在类似桥梁施工中机械设备选型和配套设计的一些建议。

（一）选型及配套设计的准备工作

避除守旧的观念，提高思想认识和管理理念，适应新时代社会、市场、施工生产发展的要求，不断学习和更新理论知识，学习先进施工生产管理经验。了解工程类型、工程量大小，工期要求、地质条件等因素。熟悉桥梁施工的各种机械设备类型、技术性能、使用功能、使用条件、机械台班费用、采购或租赁成本等。为合理选择机械设备做好准备。

（二）选型和配套设计的原则

桥梁施工机械设备的选型要充分考虑各种因素，一般要考虑经济指标、技术性能、社会关系、人机关系以及配套性。通过对机械设备进行综合比较，最终确定最佳的选型方案。本项目根据项目特点、工程施工条件、地质条件、结构形式等客观条件，选择型号、性能满足要求、操作简单，维修方便的机械设备，并有机组合，最大限度发挥机械效率，提高桥梁施工管理成效。

工程主导机械按照上面六大原则进行选型和配置，配套机械的好坏也很关键，直接影响施工的正常进行。所以，配套机械的技术规格也应满足工程的技术标准要求；必须具有良好的工作性能和足够的可靠性；应尽量采用同厂家或同品牌的配套机械，以保证最佳匹配度和便于维修保养。对配套的所有机械必须定时定期的检修，不能因为一台机器的故障，而使整个施工生产停工。

（三）机械设备购买与租赁

对于使用广泛，操作简单、经济寿命长，重复利用价值高，对提升工程质量、工程效率及安全容易保障，经济性好，回收成本快的，对工程质量起着主导作用的机械设备，适宜购买。对于一个企业来说，自有设备的数量和规模也是企业实力的体现，在投标评估时占有一定优势。

对使用周期短、价格昂贵、专业性强无再利用价值的、不具备前瞻性发展，经济技术分析比较购置不经济的机械设备，可利用社会资源，采取租赁方式。租赁机械设备时，首先要对设备的完好性、工作性能进行检查测试；另外要结合市场调查研究情况，选取价格合理，性能良好的机械设备。特种设备租赁时，要选择经过地方技术部门鉴定、操作人员

持有合法、有效的操作证件，并且证件在项目使用周期内处于鉴定有效期内的设备。

（四）机械化施工组织设计

施工方案的完成必须以配套的机械设备为基础，机械设备在型号、功率、容积、长度等方面要达到施工方案的要求，否则就会影响工程进度和工程质量，甚至损耗机械设备。目前在招投标阶段就对施工单位应配备的主要机械设备提出了相应的要求，作为合同履约的一个方面。施工企业在工程开工前要完成实施性施工组织设计，其中的内容就包括机械化施工组织设计。

机械化施工组织设计要根据施工内容及总体工期要求，制订机械设备配套计划，做好各时间段，各施工规划期所需机械设备类型及数量；根据施工计划制定机械设备进、退场和调配计划；制订机械设备的维修保养计划，操作规程及施工保证措施等。具体的机械化施工组织要在施工过程中不断地调整和完善，以适应现场实际需要。

三、桥梁机械化、智能化施工中四大员的管理

机械设备，是项目管理三要素"人、材、机"之一，机械设备的管理又是离不开人的管理和材料的管理，其中人的因素又是最为复杂和最为重要的。本节针对桥梁机械化施工管理中人的因素进行分析和总结。

在施工生产中与机械设备密切相关的人员和岗位有设备管理员、调度员、操作员和维修员。这"四大员"影响着桥梁施工设备从购买或租赁、调配、使用和维修保养的全过程。

机械设备能否适应现场需要，是否与施工生产相配套，是否能发挥最大工效，是否规范施工与安全作业，"四大员"起着非常重要的作用。管理机械设备就是要对"四大员"进行管理。

（一）设备管理员

项目的设备管理员在项目设备的采购、租赁及日常管理中起着至关重要的作用。设备管理员必须了解市场和机械设备功能以及发展趋势，建立可供选择的设备供应网络和渠道。根据总体机械设备施工组织计划，市场情况、工程量大小、使用周期，制定设备购买、租赁计划；按照机械设备管理办法完成机械设备的申报、审批流程，组织机械设备招标；负责组织、指导新进设备的接运、安装、调试和验收；指导、监督、检查机械设备使用和维修保养情况，建立机械设备管理台账，随时掌握设备完好情况，使用率情况，及时进行补充、退场、维修保养等。

设备管理员必须选择品德良好，工作责任心强，对设备熟悉和了解，市场能力强的工作人员。设备管理员接受物资设备保障部直管，生产副经理考核，全员监督。

（二）操作员

机械操作员要熟知设备性能和安全操作规程，操作好、管理好、养修好机械设备，具备正确使用、良好养修、定期检查，能排除故障的能力。并有权制止他人私自动用自己操作的设备；对未采取防范措施或未经主管部门审批，超负荷使用设备，有权停止使用；对运转不正常，超期不检修，安全装置不符合规定的设备，有权停止使用。

机械设备操作员必须经过培训，达到合格标准方可上岗，并对其建立管理档案，记录是否遵守机械设备操作规程，操作技能是否满足工作要求。建立等级评定和奖惩机制，对技术过硬，工作责任心强的操作人员予以奖励和晋升，充分激发操作人员积极性和责任心，让操作员能坚守工作岗位，兢兢业业工作。

（三）调度员

机械设备调度员对于桥梁施工生产，主要是协调安排好机械使用地点、部位、顺序，对机械设备有效使用进行掌控，现场调度员必须熟悉各种机械设备的类型、数量及配套组合，掌握设备的性能、用途、生产率等，这样才能对机械设备进行有效管理，发挥机械施工的最大效率，使机械设备更好地为施工生产服务。

机械设备调度员除了配合生产副经理对现场机械设备进行调度安排外，还要做好机械设备使用台账登记，掌握机械使用率、完好率，维修保养周期等，提供机械设备使用和评定的依据。

机械设备调度员是桥梁机械化施工正常有序作业的关键岗位，必须选用能吃苦，熟悉现场施工生产，工作经验丰富、责任心强的工作人员。调度员按照部门领导的薪酬待遇给发，受生产副经理直管，现场施工技术人员参与考核，项目施工管理组织机构综合评定。

（四）维修员

机械设备维修员需掌握各种设备构造，能在平常巡查中发现设备问题，能排除故障，对设备管理员或操作员告知的设备问题及时进行检查、维修。对机械设备定期进行保养，定时进行巡查，对无法排除和解决的故障及时进行报告，不耽误、不拖延。

机械设备维修员必须是有维修技术的专业人员。受物资设备部设备管理员直管，调度员、机械设备操作员参与考核，根据考核制度对机械维修人员的专业素养以及工作业绩做出评定，并严格进行奖惩。加强对机械设备维修人员的培训，使其提高思想认识，掌握相关维修检测技术。

（五）重视人员教育与培训

项目机械设备管理组织机构，要制定机械设备管理、使用和维修人员的技术业务培训计划，定期开展对机械设备管理员、操作员、维修员及新上岗人员的轮训、新训，进行知识更新、提高岗位技能。

对新接触的新型设备，比如前面介绍的数控钢筋调直切断机、数控弯曲中心、数控弯箍机、钢筋笼滚焊机等，在使用前要对操作人员进行设备功能介绍、操作演练培训，正常工作鉴定等一系列指导和培训，在操作人员技能达标的前提下才能使用设备。重视教育与培训，进行知识更新、管理思路更新，不断吸收新东西，才能适应桥梁机械化施工的发展，才能使工作人员具备相应的业务技能。

四、重视和加强机械设备的维修与保养

机械在使用过程中不可避免地会存在磨损、故障等，想要提高机械运转效率，就必须经常维修和保养。通过维修保养，可使机械维持良好的状态，提高机械使用的经济效益，降低施工成本，保障安全，延长机械使用寿命。为确保桥梁施工机械化顺利开展，机械设备的维修保养分为预防维修保养、定期保养和日常保养。

（一）机械故障预防

机械设备要做好故障预防，正确地分析各种故障原因，采取有效的、针对性强的防范措施，尽量减慢机械零部件的损伤速度，可以有效地防止机械故障，保持机械设备的完好使用率。

机械作业产生大量的热，所以在夏天应考虑机械的散热和降温，如补加机油、常换冷却水、间隔施工、机械交替作业等，这些都会影响施工组织计划，必须在开工前对机械可能遇到的发热、危险情况做充分的准备或设计。冬季气温降低，必须做好防冻措施，比如冬季加防冻液或夜间放掉冷却水，将油箱包裹起来，同时也要做好施工运转时的保温措施，如支撑遮风棚、热水加温等。

混凝土搅拌设备要经常检查维护，避免在混凝土浇筑过程中出现故障，中断现场施工，造成严重后果。搅拌站需配备功率足够的发电机，以备停电或用电线路故障时使用。

（二）日常简易维修保养

设备维修员要严格日常巡查检查工作，对遇到的问题要及时进行处理，并做好日常维修保养记录。机械设备日常简易维修保养主要是在工程现场的保养与维修，除了对作业中可预料的故障进行修理外，还包括定期检查认为必须进行部分分解、修配或部件更换，可用简易设备来实施的保养与维修。

机械设备日常维修保养要准备和及时提供必需的零部件、根据工程施工计划和作业时间安排，进行零部件更换，再将更换下来的零部件送至工厂进行专业维修，这样可以缩短维修时间，不影响工地现场正常施工。

混凝土搅拌设备拌完料后，要及时清洗干净；混凝土运输车等待时间决不能超过混凝土初凝时间，否则会造成堵罐；三辊轴振动整平机在使用完成后必须清理干净滚轴表面的水泥浆，避免遗留混凝土残渣造成下次使用困难，影响整平质量。

（三）定期进行检修

桥梁机械化施工使机械设备作业时间增加，高强度、高效率的施工压力也加快了设备运转，造成超负荷或者超强磨损工作，导致机械设备维修保养不及时，最终影响现场施工。因此，在机械设备管理中要做好设备的维护及保养必须严格按照各种机械设备规定的保养周期和作业范围实行定期保养。不能因为施工周期短，工期紧就忽略甚至超期才进行设备保养维修，加剧设备有形磨损，降低机械设备使用寿命。

除日常简易维修保养外，本项目施工组织设计中针对每台机械设备每月都考虑了两天的大修和专业维修保养时间。机械设备定期检修要对照工程计划先做出维修计划，再根据维修计划进行维修。对于新型专业的钢筋加工设备等除了日常的维护外，若发现不良运转，应立即联系设备厂家技术人员及维护人员到现场进行维修。另外，在购买设备时通常都会带有一定的必需配件，尤其是易磨损的消耗件，一定要保存好，方便更换。

五、健全桥梁机械化施工规章制度

桥梁机械化施工，对机械设备的管理提出了更高的要求。只有健全规章制度，做到有章可依，有制度可约束，才能有效进行管理，充分发挥设备效能，提高设备的利用率和完好率。才能保障高质、高效、安全地进行施工生产。

（一）建立机械设备台账和技术档案

按时收集设备运转日志和司机手册，及时掌握设备动态、技术状况、使用、维修和安全状况。新购设备要收集机械设备的产品合格证、购货发票、新购设备验收记录单，特种设备使用许可证、机动车保修单、设备外形照片、设备使用说明书及相关技术图纸资料等。

（二）创建合理的设备使用条件

建立一定面积的机库、机棚、停车场、维修保养间、配件库及油料供管库站。做到设备临时停放有场地、长期停放有库棚、维修有车间。机械设备停放场地要平实，便于出入。并建立值班制度，对机械设备进行看护和管理。

（三）加强机械化施工的技术教育培训

针对新设备的操作规程组织岗前培训，并在作业区张贴、悬挂机械作业操作规程牌，使操作人员熟练掌握操作方法，了解设备工作原理，精细作业。养成有规则可依，有标准可学的作业环境。

（四）建立机械化施工管理责任制

按照工程施工内容划分施工单元和作业工班，项目部管理人员实行施工单元和作业工班管理承包责任制，对作业工班施工范围的施工管理负责，根据现场需要，上报机械施工需求计划至调度室，再由调度室结合所有工作面分配机械设备。现场施工员和工班长对施工质量、进度、安全分区管理。并建立考核机制，每月按时兑现奖惩。

（五）建立灵活机动的设备调整机制

根据不同施工阶段对机械设备类型和数量的不同需要，及时调整机械设备供应。对不能适应现场需要，完好率差、生产率低，油耗高的设备及时清退，若发现设备数量不能满足施工进度要求，造成施工生产等待或停滞的现象，及时进行设备补充。

（六）建立单机核算和工班核算制度

目前高速公路市场投标价较低，尤其在桥梁结构物上。以往项目采取由项目部承担机械费用、材料费用，作业工班仅承担劳务费的承包模式，造成利润率几乎为零甚至亏损。本项目建立了机械设备单机核算和工班核算的"两算"制度。单机核算主要是对设备的利用率，完好率和经济性进行核算；工班核算是根据工班所承担的工程量进行机械费用包干，超支部分由工班自行承担。采用两算制度后，大大降低了机械浪费和管理难度，提高了机械设备的使用效率，降低了施工成本。

加强机械设备核算，不仅是项目成本控制的需要，更是施工生产顺利进行，现场组织安排的需要。项目应组织专人对机械设备进行统计核算，及时处理闲置设备或补充新设备，确保施工生产正常、有序开展。

六、桥梁机械化施工安全措施

桥梁施工中安全风险主要有高空作业，起重吊装，支架施工，机械设备故障，临时用电等。针对这些安全风险，项目部建立健全安全管理体系，设安全部进行专职管理，并制定了相应的预防和应急措施。

（一）起重吊装设备的安全措施

施工中采用的起重吊装设备主要有龙门吊、汽车吊、架桥机等。

参加起重吊装的作业人员，包括司机、起重机、信号指挥、电焊工等均属特种作业人员，必须经过专业培训、持合格证上岗。

架桥机、龙门吊的安装由具有资质的单位和专业人员按照安装方案进行，安装完成后必须检查各种限制器、限位器等安全保护装置是否完好、齐全，灵敏可靠。确保所有装置和操作控制无误后，经当地质量监督部门验收合格后，方可使用。使用前要进行试吊，试吊正常后，才能正式进行吊装作业。

架梁作业时，桥头两端要设警戒人员，严格执行"安全操作规程"，指挥人员要与操作人员密切配合，执行规定的指挥信号。操作人员要按照指挥信号进行操作，若遇指挥信号错误或不清楚时，可拒绝作业。

　　汽车吊作业前要确保施工场地平整密实，并支垫平稳后，方可作业。汽车吊需要人工配合采用钢丝绳悬挂重物，起吊前要确保悬挂牢固后进行，准备起吊前要鸣笛，警示工作人员远离至吊车作业范围以外安全位置。汽吊提升和下降速度要平稳，均匀。严禁忽高忽低，旋转速度过快等违规作业。

　　起重吊装设备使用的钢丝绳必须是正规厂家制造的有质量证明文件和技术性能的钢丝绳。并要进行试验，合格后才能使用。作业前必须检查钢丝绳是否完好，不得使用扭结、变形及断丝根数超过三根的钢丝绳进行吊装作业。

（二）高空作业的安全措施

　　对从事高处作业人员要坚持开展经常性安全宣传教育和安全技术培训，使其认识掌握高处坠落事故规律和事故危害，牢固树立安全思想，具有预防、控制事故能力，并要严格执行安全法规。

　　高空作业，必须搭设安全检查梯，脚手架，方便作业人员安全上下。通常采用支架搭设成"Z"字形检查梯，脚踏板要安全、牢固、防滑，方便行走。施工作业搭设的扶梯、工作台、脚手架、护身栏、安全网等，必须牢固可靠，并经验收合格后方可使用。高空作业要关注天气预报并做好预防工作，遇六级强风或大雨、雪、雾天气不得从事露天高处作业。

　　对高空作业人员要配备安全帽、安全带和有关劳动保护用品；严禁穿高跟鞋、拖鞋或赤脚作业；悬空高处作业要穿软底防滑鞋；严禁攀爬脚手架或乘运料架和吊篮上下。在没有可靠的防护设施时，高处作业必须系安全带，安全带的质量必须达到使用安全要求，并要做到高挂低用。

　　桥梁上部施工前，距边缘 1.2 ～ 1.5m 处应设置护栏或架设护网，且不低于 1.2m，并要稳固可靠。

　　另外，安排专职安全员进行安全巡查，若发现安全隐患，要及时进行排除，确保满足安全要求，控制高处坠落事故的发生。

（三）支架搭设与拆除的安全措施

　　支架搭设的控制重点是跨线桥现浇连续箱梁的支架搭设。为确保支架稳定性，首先要对地基进行处理，确保承载力、稳定性要满足要求。连续箱梁满堂支架采用力学性能好、拆装速度快的 WDJ 碗扣式脚手架进行搭设。根据箱梁底和地面的净空间选配立杆，上端安装可调 U 型顶托，调节细微高度。并按支架搭设规范设置剪刀撑、扫地杆等。

　　支架搭设前，根据现场地形情况确定支架高，根据桥型断面，绘制支架搭设施工图，并进行验算。

　　支架搭设前要对杆件进行检查，查看选用的 WDJ 碗扣式脚手架规格是否是 φ48×3.5mm，是否有合格证及质量检验报告；检查杆件表面有无砂眼、裂缝、严重生锈；碗口与限位销是否完整；接头弧面与立杆是否能密贴；碗口是否能被限位销卡紧等。不合格的杆件严禁使用。

脚手架搭设人员必须是经过按现行国家标准《特种作业人员安全技术考核管理规则》考核合格的专业架子工，上岗人员应定期体检，合格者方可持证上岗。搭设支架时，必须穿戴安全防护用品，严格按照施工图进行搭设。

支架搭设过程中，安排专人对碗扣搭设质量进行逐个检查、复核。支架搭设完成后要进行自检、监理抽检、安全专项检查，均符合要求后，进行总荷载重量 120% 等级的支架预压试验，试验合格后方能进行后续施工。施工过程中安排专人随时检查支架情况，观测支架地基变化情况，发现异常立即采取措施进行处理。

支架拆除要经技术部门和安全员检查同意后方可拆除，拆除时要设置围栏和警示标志，并派专人看守，严禁非操作人员入内。并按自上而下，逐步下降进行；严禁将架杆、扣件、模板等向下抛掷。

（四）机械设备故障的安全措施

在施工生产中因为机械设备故障引起的安全事故也是非常多的，因此在桥梁机械化施工中要及时掌握设备良好状况的动态变化，及早发现故障或隐患，并进行预防和维修，减少机械设备故障的发生。

安排具有专业知识和辨识能力的设备维修员对机械设备进行检查、巡查。并认真记录机械设备运转情况，建立设备运转档案，及时掌握设备良好情况。对机械设备定期进行维修和保养，对受损的零部件及时进行更换，严禁机械设备"带病"作业，减少或杜绝机械设备故障发生。对机械设备的操作、维护管理等建立管理责任制、监督机制及奖惩机制，制定奖惩办法并严格兑现，降低人为因素造成的故障。

（五）临时用电的安全措施

施工现场变压器必须报当地供电部门进行审批并安装。

输电线路采用三相五线制，配电箱按照"三级配电二级保护"的要求设置，总配电箱、分配电箱、开关箱安装在适当位置，并安装漏电保护器。配电箱和开关箱内设置隔离开关。

施工现场严格执行"一机一闸一漏"的规定，并采用"TN-S"供电系统，严格地将工作零线（N）和保护地线（PE）严格分开，并定期对总接地电阻进行测试，保证在 4 欧姆以下。严禁用同一个开关箱直接控制两台及两台以上用电设备。整定各级漏电保护器的动作电流，使其合理配合，不越级跳闸，实现分级保护，每十天必须对所有的漏电保护器进行全数检查，保证动作可靠性。

施工现场用电管理必须由经过专业培训并取得电工证的人员专门进行管理，严禁私拉乱接。安装、巡检、维修或拆除临时用电设备及线路都必须由电工进行。施工现场必须采用符合安全用电要求的配电箱，门锁完好，并由电工进行统一管理。架设线路必须采用专用电杆，架设高度符合安全要求，并采用绝缘线固定牢固。施工中注意机械设备与架空电缆线之间的安全距离要符合要求。

（六）制定安全应急预案

项目部成立安全应急领导小组，由项目经理担任小组组长，项目书记、安全总监、技术负责人、现场副经理担任副组长，安全部、协调部、施工技术部、设备管理部、财务部部长担任组员，对本项目桥梁施工的危险源进行辨识并制定预防措施及应急救援方案。各施工作业工点均成立应急救援小组，由现场负责人任组长，专职安全管理人员为副组长，人员由具有丰富施工及抢险经验的管理负责人员及具有 2 项以上特种操作技能的工人组成。

事故发生后，现场抢险小组负责事故现场的处置。根据事故发生的实际情况，分析事故原因，及时制定处理方案，采用加固、抢修或排除事故隐患等措施，有效的遏制事故的蔓延。将事故的损失降到最小，同时避免事故范围的扩大和再次发生。

桥梁施工主要针对基坑坍塌、高空坠落、物体打击、机械伤害等多发事故进行应急演练，深刻认识安全事故的伤害，应急救援的重要性，树立预防为主的思想，减少、杜绝事故发生。

机械化、智能化施工管理要建立健全组织管理机构；制定切实可行的规章制度；针对新型机械设备，优化管理方式，加强对设备管理中"四大员"即设备管理员、调度员、操作员和维修员的培训、教育、考核、奖惩；重视机械设备的维修与保养，加强日常简易保养和定期检查维修；制定针对桥梁机械化、智能化施工的安全保证措施，针对基坑坍塌、高空坠落、物体打击、机械伤害等多发事故进行应急预案和演练，提高全员安全意识。

通过建立一套完善的施工组织管理体系，健全施工管理制度，提升企业管理成效。促进施工生产向优质、高效、安全、低耗发展。

第七章　市政隧道工程施工

第一节　城市隧道工程测量技术

盾构法施工有着经济性能优越、施工工艺相对简单的特点,在城市隧道施工较为常见。城市地下隧道工程开挖施工作业面相对较小、无法保证有效的通视性测量等特性。城市地下隧道施工中线贯通误差主要来源于地面控制网的主要控制测量。

一、盾构造隧道测量技术现状

盾构法是城市隧道工程中常用的机械施工方法。主要将盾构机械运用机械能在地下拼装预制混凝土管件支撑围岩防止坍塌的隧道开挖方法,在开挖系统中主要包括加压顶进系统、出土系统、拼装管片防护系统等部分组成。保证地下工程线性连接在正常的可控制误差范围内是地下隧道测量的主要工作任务。盾构法隧道施工测量主要包括以下几点:一是地面主要控制测量。主要控制测量是指在施工场地地面建立水平与高程控制网络,用于监测并校对坐标,是城市地下隧道施工中最基本的工程测量项目;二是联络性测量。主要是将地面作为主要控制测量的点位与高程传到地下施工现场,与施工坐标进行对照性测量,其测量精度是保证地下隧道中线闭合的关键;三是地下控制测量。主要是进行施工过程中的地下水平与施工高程控制;四是隧道施工测量。以主要控制测量点为基准,根据设计文件保证隧道开挖及衬砌高程。城市隧道测量工程主要作用是以下几点:一是在城市隧道开挖过程中保证施工中线在水平与高程上的正确性、保证在盾构施工后建筑贯通的正确;二是保证所有城市隧道附属工程及设备的正确安装;三是用城市地下隧道施工标定方法标定地下建筑物及附属工程的水平及高程;四是为盾构机械施工提供修正性参数,保证接入的正确性。

二、城市隧道工程贯通测量误差

城市地下隧道工程开挖施工作业面相对较小、无法保证有效的通视性测量等特性。由于无法保证有效的通视性测量,所以城市地下隧道工程在开挖贯通前无法检测正确性。盾构法城市地下隧道工程贯通后，由于在地面主要控制测量与地下控制测量中放样引起的误差影响到隧道贯通连接，产生的隧道中线闭合不严这种现象被称为贯通误差。贯通误差主要分为纵向误差、横向误差、高程误差三种。贯通误差产生的主要原因是从施工开始进行的测量误差逐步累积产生。贯通误差对城市地下隧道的工程质量影响不大，只对边掘进边铺轨的隧道平顺性有一定的影响。

三、城市地下隧道贯通误差分配

盾构城市隧道工程测量地下工程测量部分通过布设导线进行基本性测量。城市地下隧道施工中线贯通误差主要来源于地面控制网的主要控制测量。地面与地下控制网精度测量主要是通过竖井联系性测量完成。城市地下隧道施工测量由不同的测量单位实施测量，所以贯通误差可以根据分布测量适当分配。城市地下隧道贯通误差分配分为三个单元，分别是地面主要控制测量部分、地下隧道导线测量部分、竖井联系测量部分。地面主要控制测量部分测量条件相对较好，可以采用通视性测量方式。城市地下隧道测量受到洞内烟尘、水气影响无法实施有效的通视性测量。地下隧道洞内测量水准路线短，高差变化较小，受到施工干扰与光亮度影响大。

四、城市地下隧道贯通相遇点在重要方向的误差测量

在城市地下隧道开挖施工中可以采用激光指向仪进行定向指导开挖方向。采用机械化掘进设备施工时，可以在固定位置设置激光指向仪与掘进机上的光电接收装置配合使用保证掘进方向的修正。城市地下隧道贯通后水平位置偏差的测定主要方法是将施工两端中心线延长到隧道贯通面，测量中心线是否实现完全性闭合。竖直面内偏差测量主要是测量两端隧道内已知高程控制点完全闭合差。

盾构法是城市隧道工程中常用的机械施工方法，盾构法施工便捷，有着良好的经济性能。隧道施工测量主要包括地面主要控制测量、联络性测量、地下控制测量三部分。盾构法城市隧道工程测量地下工程测量部分通过布设导线进行基本性测量。城市隧道测量工程主要作用是保证施工中线在水平与高程上的正确性、保证所有城市隧道附属工程及设备的正确安装、标定地下建筑物及附属工程的水平及高程为施工提供修正性参数，保证接入的正确性。贯通误差主要分为纵向误差、横向误差、高程误差三种。贯通误差产生的主要原因是从施工开始进行的测量误差逐步累积产生的。

第二节　城市隧道工程地下防水施工技术

在整个城市建设中，隧道建设是一项重要内容，并在整个城市化建设中占据重要位置，城市地下隧道的建设，能够在很大程度上缓解交通压力。然而，在城市隧道建设过程中，存在着诸多的因素影响着各种施工技术的应用。

一、防水技术的定义

防水技术是城市地下隧道建设过程中一项十分重要的技术，它会对工程的施工、运营状况、使用功能及使用寿命等造成影响，同时也与广大人民的生产生活有着密切的关系。在国民经济可持续发展战略中对环境保护尤其是水资源的保护有着十分高的要求，同时我国已经制定了关于防水工程技术应用的规范和标准，在我国的城市地下隧道工程建设过程中，防水工程可以分为构造防水和材料防水两种。在应用地下工程防水技术时坚持因地制宜地原则，合理地进行施工和治理。

二、城市隧道工程地下防水的重要性

在现代经济高速发展的背景下，我国的经济朝着又好又快的方向发展，人民的生活质量水平也在不断地提升，而在交通方面拥堵的状况却日益加重。为了缓解城市交通拥堵的状况，为了保证城市车辆能够安全有序的运行，现代化城市地下隧道对于拥堵交通的缓解及疏导的作用愈加明显，城市地下隧道建设在现代城市化建设当中显得越来越重要。在城市地下隧道施工过程中，很多的因素都会影响着施工技术的应用，例如，地下渗水因素的影响等。在城市隧道地下施工技术应用艰难的情况下，想要建设一个能够满足广大人民和城市建设需求良好的地下交通运输环境，就应该重点关注城市地下隧道施工技术应用过程中防水技术的应用，并对防水技术进行研究和分析，从而使施工防水技术能够更好地应用于城市地下隧道的建设当中，提升地下隧道的安全性，确保城市地下隧道的稳定性，延长地下隧道的使用寿命。因此，提升城市地下隧道施工技术的施工效果和施工质量，就应该在施工技术的处理过程中，加强对防水技术应用，由此可见，防水技术的应用对于地下隧道施工技术的应用的重要性。

三、城市隧道工程地下渗水原因

（一）地下隧道工程施工缝隙处理不当

在城市隧道建设过程中运用施工技术时，如果没有恰当的处理地下隧道的施工缝隙，就会造成后期施工区域出现渗水，这种状况的出现不仅会影响城市地下隧道的正常运行，还会影响到车辆行驶的安全性。因此，在运用城市地下隧道施工技术时，应该高度重视施工过程中施工缝隙渗水现象，并对此现象进行研究分析。一般来说，造成施工缝隙出现深水状况的原因是混凝土在施工技术的处理过程中，其原有混凝土结构和新材料混凝土的粘接性存在差异，从而导致施工技术应用前混凝土不能及时的粘接，使得施工缝隙的处理没能达到地下隧道施工防水技术应用标准。

（二）混凝土自身存在缺陷

在隧道的施工过程中，常用的技术工作就是混凝土施工技术，这种技术的重点在于对混凝土的比例进行分析，然后运用于建筑施工当中。而地下隧道的施工过程中，对于混凝土的配合比例相当重视，如果比例不当，就会造成混凝土的应用效果下降，这就对施工造成了一定不利影响，加大了隧道工程防水处理的工作。由此可见，在施工过程中应该正确的分析出混凝土配合比例，在提升工作效率的同时，有利于下一步工作的顺利进行。

四、城市隧道工程地下防水施工技术应用

（一）支护灌浆技术

城市地下隧道施工过程中，防水技术也是一项非常重要的技术工作，目前常用的是支护灌浆技术，该项技术在实际应用的过程中，提升了整体的施工效果，是一项安全性能很高的防水技术。在实际操作过程中，就需将管桩支护及灌浆技术融合，避免施工区域内出现安全问题。在施工过程中工作人员在施工场地内运用管桩支撑防护体系，构建一个安全的施工环境，相关人员还要进行一定的防水工作，要根据现场的施工环境搭建网状管桩结构。在管桩支护体系五米内选定注浆管，同时对网状格局进行全面的分析，然后进行喷浆填埋，将选定好的注浆管安装在管桩支护体系周边 5m 范围内，确保能够阻断地下水与施工场地的联系，达到防水的目的。

（二）排水施工法

施红支护灌浆技术只能进行区域的防水处理，并不能保证整体施工环境的防水工作，可以人为的改变施工区域内地下水的流通方向，改善了整体的防水工作体系。将其施工技术与人为疏导相结合，有利于促进整体施工效果的提高，保证施工工作的顺利进行。为了完善整体防水工作还要在隧道周边设置专门的排水沟，借助排水沟的地理位置将施工区域内的水迅速排放出去，为防水工作建立最后一道防线。排水法技术的应用采用的是水管盲沟排除法，将一定相同规格的水管安装在施工墙体的周边，利用水管的传导功能将隧道空间内的水流进行牵引，减少地下水渗漏的现象发生。

（三）施工缝的防渗漏处理

在地下隧道的实施过程中，运用了管装支护和混凝土技术来作为施工保障，达到了隧道建设的内部环境需求，但在地下施工的过程中，还存在着很多的不确定因素，影响着施工技术的进行，例如，对于施工缝的处理就是一个很重要的影响因素，安全的处理好施工缝隙才能确保地下隧道防水工作的顺利进行，整体的施工效果才能得到保障。在实际施工过程中，还需要借助一定工具进行技术应用，利用振捣工具将场地压实，这项基础性的工作内容影响着今后施工的安全和进度，值得注意的是，在运用振捣工具过程中，要防止接近排水沟附近区域，避免造成排水沟错位的现象发生，加大施工难度。

（四）防水材料的应用

随着现代科技的普遍发展，越来越多先进的防水材料应用于实际建设工作当中，防水材料的全面应用发挥出了地下防水处理工作的效果。在城市隧道工程建设工作中，防水技术是最关键，最核心的因素，而防水材料的出现和应用，对于防水工程来说具有重要意义。在进行防水工作的实际过程中，要准确分析每一个工程环节和运行系统，确保在每一工作步骤中都能将防水材料的效果和优势完全地发挥出来。首先，做好前期的准备工作，选取适合的防水材料并运送到施工现场，然后对选用的防水材料进行质量检查，测试其防水性能是否良好。其次，在完成地基的施工找平工作后进行防水卷材的施工，只有将防水材料的找平工作完成后才能进行下一步的施工工作。最后，计算出正确的混凝土混合比例，才能具有良好的加固技能，运用其加固技术，将防水材料应用于建筑构建当中。

城市地下隧道建设是加快城市化进程的关键因素，同时其对于现代化城市的建设与发展来说也是至关重要的。为了保证建成的城市地下隧道的质量以及地下隧道的安全性和稳定性，相关人员应该重点关注隧道的渗水问题。城市隧道工程的施工人员应该在工程施工过程中，妥善处理施工技术应用中的防水施工技术，有效的运用支护灌浆技术、排水施工技术、施工缝防渗漏施工技术，以及科学合理的选取并应用防水材料，从而确保施工技术的应用效果。

第三节　城市隧道工程盾构施工

一、盾构穿越地连墙玻璃纤维筋

玻璃纤维筋是由高性能纤维与合成树脂基体、固化剂采用适当的成型工艺所形成的纤维增强复合材料，其在性能上与普通钢筋相似，与混凝土具有良好的粘接性，且和混凝土由几乎相同的收缩系数，同时又具有很高的抗拉强度和较低的抗剪强度。

目前随着城市地铁的不断发展，城市地铁线网不断扩大，这就使得部分地铁隧道区间既有可能与城市部分明暗挖隧道线路产生冲突，因此地铁盾构区间需要下穿既有地连墙结构。还有一种情况，即在盾构进出洞时，也需下穿地下连续墙结构。按照传统施工工艺，在盾构下穿前，需要采用人工方式对下穿范围地连墙结构进行破除，作业时间长，安全风险系数高，而对于盾构下穿既有线路结构地连墙，人工破除更是不可能实现的，因此玻璃纤维筋的应用，有效地解决了这一问题。在地连墙施工时，盾构下穿位置的钢筋笼使用玻璃纤维筋制成，由于玻璃纤维筋的力学脆性，可以很容易地合式盾构机直接切割，而不会造成异常的刀具损坏。因此可极大地缩短施工工期，且有效地降低了下穿过程中由于作业面暴露时间长带来的风险。但是玻璃纤维筋与钢筋最大的差异为玻璃纤维筋的弹性模量小，是典型的脆性材料，应力—应变曲线在断裂前表现出明显的线性关系，极大地影响了玻璃纤维筋笼起吊时的稳定性和基坑开挖阶段玻璃纤维筋连续墙的抗弯、抗剪承载能力，因此在钢筋笼制作及吊运过程中，存在一定风险，这就要求必须制定切实可行的专项方案以保证施工的安全。

二、盾构上浮处理

盾构在复合黏土层施工时，易出现上浮现象，随着上浮的不断加剧，也随之带来了管片破损、浆液渗漏、地面沉降等一些系列质量问题，因此，为确保隧道成型质量，需将盾构机姿态控制在规范范围以内。经过分析，导致盾构上浮可能存在管片超前量不足、推理设置不当等原因，为此可采用以下措施：

（1）通过管片错点位拼装，或在管片侧面采用石棉垫片，增大管片上部超前量，为盾构机下行提供浮动空间，同时可认为对管片圆度进行调整，过程中增设止水条，防止管片渗水。

（2）在盾构穿越隧道投影区域采取钢板和铁块堆载措施。钢板可采用厚为10cm，铁块压重厚度约40cm。

（3）调整盾构机顶推油缸的分区压力，如压力差无法满足盾构机转向要求，可采用调整油缸油路的方式，在不影响盾构机左右姿态的前提下，将两侧千斤顶的油路部分并入上部油缸分区，从而加大上部油缸分析的推力，但在此过程中，由于各油缸分区压力差过大，易对管片造成不利影响。

（4）为增加盾构自身重量，将配重防止在盾构机下部空挡处，提供盾构自重，克服浮力。

在实施过程中，可根据盾构姿态上浮的程度，单独或组合采用以上措施，已达到遏制盾构上浮的目的。

三、盾构法联络通道施工

由于地铁联络通道施工是在"洞中打洞"，作业面小，不便使用大型工具设备，所以目前国内地铁联络通道施工多采用冷冻法＋矿山法施工。该方法施工造价较高、工期较长、风险较高。过程中由于冷冻失效、超挖，地下水侵蚀等一系列不利因素，极易造成地下水喷涌、开挖面坍塌、地面沉陷等风险。

对比施工优缺点，宁波地铁 3 号线鄞南区间联络通道借鉴盾构法的可实施性，首次提出了盾构法施工联络通道，并取得了成功，盾构法联络通道是将施工设备运输至已完成的隧道内，快速支撑在主隧道结构上，向隧道墙壁侧面开挖联络通道，直至贯通至对面平行隧道。联络通道掘进机开挖过程中，使用具备密封垫片的钢管片及混凝土管片进行一次性支护成型，无须后续防水或二衬措施。联络通道贯通后，施工人员可以拆卸然后通过主隧道收回掘进机，继续修建下一个联络通道。联络通道盾构法施工技术作为一种革命性技术，具有安全、优质、高效、环保等技术优势。

四、地面出入式盾构法

传统盾构始发接收皆需要盾构工作井，这就需要对在盾构施工之前，在地面进行大规模的地下深基坑作业，这不仅需要考虑深基坑作业自身的安全风险，同时还要考虑建筑物拆迁、地面交通疏解、地下管线迁改，更也不可避免的将对周边环境产生一定不利的影响，加之目前随着城市地铁的高速开发，大面积的开挖势必会长时间阻塞交通，给周边居民的出行产生较强不利影响，加之各别施工场地条件有限，不具备大面积地面开挖的条件，为有效的解决上述问题，可采用出入式盾构法隧道进行施工。

出入式盾构法是指盾构从地表始发，在浅覆土条件下掘进，最后在目标地点从地表到达。这种方法用盾构掘进代替暗埋段明挖，可以减小地面开挖面积 50% ~ 80%，减少拆迁量以及对周边环境的影响；以浅埋导坑代替深大工作井，可以减少施工风险和土方开挖量，缩短建设工期。但同时在无覆土和超浅覆土下进行盾构隧道建设，也面临了很多技术难题，如结构变形、隧道上浮、接缝渗漏、轴线偏离等，为此可通过如下技术方式加以改进：

（1）设置管片稳定装置，其作用可在盾构推进过程中支撑和稳定管片，是管片保持性状，有效防止管片错台。

（2）为提高管片在浅覆土施工过程中的抗剪及接缝防水性能，可在每环管片增设 4 只纵向螺栓，并可改良橡胶密封垫截面形式，合理控制错动及张开量指标，加强管片间防渗水能力。

（3）由于盾构施工前期，一直处于浅覆土状态，因此围压交底，进出土十分困难，盾构姿态不易控制，因此可在盾构机选型时，对盾构机本身加以优化，采用大开口率刀盘结构，保证出土顺利。同时可根据工程土层实际特点改良碴土性状，保证其具有良好的塑形、流动性，保证开挖面的稳定，从而为盾构轴线控制创造有利条件。

（4）增设土层压力传感器，准确反映土舱压力变化，为盾构掘进提供更多有效的技术参数，利用参数提高土压波动检测，设计新算法，较好的控制出土量，刀盘转速和推进速度，精确控制开挖面土压平衡。

五、MSJ 高压旋喷施工技术

MSJ 高压旋喷施工技术目前在深基坑围护结构施工中，逐渐被很多人所接受，其优点在于施工较为灵活，可进行垂直、水平、倾斜等多种方式进行施工，且加固深度大、成桩质量好，对地面扰动较小、自动化程度高。鉴于其各项优点，目前在盾构施工中，MJS 高压旋喷桩也在被逐渐采用，其主要用于以下方面：

（1）盾构始发接收端头水平加固，当加固深度较深，地面不具备加固条件时，可采用 MJS 对端头进行水平加固。特别是在软土地层，加固效果较好，且对周边管线影响较小。

（2）盾构下穿既有线路或铁路时，对下穿段地层进行 MJS 加固，由于其成桩质量较好，对周边环境扰动较小等特点，即可有效保证既有线路或铁路不收影响，同时可以确保下穿段加固强度和质量，确保盾构下穿时既有线路和铁路的安全。

城市轨道交通建设能够缓解地面的交通压力，减少城市道路的拥堵，充分的满足人们的出行要求，且城市轨道交通的客载量较大，运行速度快，有效实现了城市交通升级。盾构施工技术在城市轨道交通隧道施工中的广泛运用，具有灵活性、安全性和高效率性等技术优势，不仅大大提高了工程效率，还缩短了施工时间、节约工程成本，整体经济效益极为突出。充分把握好盾构施工技术的关键要点部分，能够进一步满足城市轨道交通隧道施工要求。

第四节　城市隧道施工风险与控制

目前，中国城市地下空间的总体规模和总量非常大，且每年都在增加，今后为提高土地的利用水平，解决城市环境和交通问题，中国的许多城市将结合地铁建设、新旧城区的改造和建设，建成许多地下综合体，特别是大城市的地下交通建设，越来越受到重视，以解决交通拥堵问题。由于地下工程和建设工期长、施工技术复杂、不可预见风险因素多、施工对环境影响大等，所以地下工程是一项高风险建设工程。为降低诸多风险因素对工程项目造成的不利影响，有必要在隧道工程施工中实施有效的风险管理。通过风险辨识、风险分析、风险评价、风险决策和风险控制，科学合理地使用管理方法、技术手段等对项目涉及的风险实施有效控制，主动、系统地对项目风险进行全过程管理及监控，达到降低项目风险、妥善处理风险事故不利后果的目的。

一、城市隧道的施工特征

城市隧道的最大挑战在于地层稳定性的控制及作为控制设计准则的变形，变形必须处于可容许的地表沉降极限范围内。城市隧道一般埋置较浅，岩体风化破碎，渗漏水严重，岩体自身承载力很弱，虽然初始应力量值不会很大，然而开挖时造成的地层扰动容易引起坑道塌陷，地面沉陷，引起的围岩应力则可能会波及地表、地表管线以及附近的建筑物。若不及时采取有效措施进行处理，则可能对地下管线、地表道路和上层建筑物造成破坏失稳，对工程安全造成极大的威胁，造成损失。另外在岩土体隧道施工中容易出现的问题，如岩溶隧道、瓦斯隧道、重叠隧道、塌方隧道、穿商业区隧道（地基沉降要求严格）等，这些都是城市隧道建设中应解决的问题。

二、施工风险种类及控制

（一）岩溶隧道施工的风险与控制

岩溶隧道施工因其水文地质和工程地质的复杂和特殊而异常困难。岩溶也是隧道施工中经常遇到的一种现象，它容易导致开挖面突水、突泥、涌砂、隧道支护结构和围岩稳定性失稳、开裂坍塌，影响施工进度和质量，危及施工安全。所以，岩溶隧道施工时，根据设计文件的有关资料和现场超前预报结果，尽量查明岩溶的类型、分布情况，岩层的稳定性和地下水流情况，然后可综合分析岩溶对隧道的影响程度和现有的施工条件制定出切实可行的工程治理措施。

（二）瓦斯隧道施工的风险与控制

在瓦斯隧道的施工过程中存在瓦斯中毒、燃烧、爆炸等诸多灾害风险，主要涉及的有：施工通风的风险、揭煤段施工风险、施工中揭煤防突风险、施工防火风险等。由于存在着这么多的风险，可在洞内布置监测系统，监测系统可分为人工监测和自动监测。施工过程中必须按照"勤预测、强检测、控浓度、严管火源"的监控原则进行施工，通过超前地质预报预测、检测掌握瓦斯的浓度已采取相应的措施。同时因为煤层承载力低，应采取"锚超前、严注浆、短开挖、强支护、快封闭、早成环"的综合支护体系。

1. 瓦斯隧道施工通风技术

通风是排烟降尘和稀释瓦斯的最主要手段，也是防止瓦斯与煤层燃烧、爆炸的重要手段和行之有效的方法。瓦斯隧道施工过程中，对通风条件要求较高，因此隧道通风应作为瓦斯隧道施工过程中首要考虑因素。主要的通风方式有：压入式通风、抽出式通风、混合式通风和巷道式通风。针对不同的施工条件，通过分析各种通风方式的优缺点，结合《铁路瓦斯隧道技术规范》综合考虑采用哪种通风方式进行施工。

2. 瓦斯隧道揭煤防突技术

接煤段施工是隧道施工中又一风险因素，对瓦斯隧道施工的质量和进度影响较大，因此可以从以下几个方面考虑：

（1）在隧道施工推进时，应加强隧道预测和瓦斯监测，进入煤层前50m要进行超前钻孔探测，标出各突出煤层准确位置，掌握其赋存情况及瓦斯状况。

（2）采用钻孔排放防治煤与瓦斯突出。

（3）揭煤前应进行石门揭煤设计，其内容包括：揭开石门、半煤半岩等各阶段施工方法、支护手段、组织指挥、抢险救灾方案及安全措施等。

（4）应采取台阶法进行施工，台阶长度应根据通风要求、隧道结构安全性以及围岩的稳定性综合考虑确定。

（5）台阶法施工应按"短进尺""弱爆破""强支护""勤测量"的原则进行施工。

3. 瓦斯隧道施工中施工防火防爆技术

施工时防火防爆处理是隧道施工中又一重要的风险因素，在施工时应从以下几个方面考虑：

（1）瓦斯工区内的电气设备不应大于额定值运行。

（2）瓦斯工区内的低压电气设备，严禁使用油断路器、带油的起动器和一次线圈为低压的油浸变压器。

（3）对进洞的机器进行防爆处理等。

三、浅埋隧道施工风险与控制

在开挖浅埋隧道时，隧道洞口进出口段的滑坡问题往往是隧道工程建设中的关键问题，一般来说，隧道洞口的工程地质条件较差，岩层整体性较差且风化严重。在隧道进出口段仰边坡处未能采取适当的措施时，容易导致滑坡。进出口段滑坡的治理措施包括：

（1）隧道上部采取减重和重新设计坡率。

（2）采用预应力抗滑桩。

（3）设置坡脚挡墙。

（4）采用砌石或草皮护面等。

近些年，滑坡治理技术发展很快，治理方法有很多种，各有其特点和使用条件。但是，由于抗滑桩治理效果好，桩位置设置灵活，在实际工程中被广泛地采用。在隧道施工过程中，应采用地质超前预报的方法对隧道实施监测并进行超前支护，针对复杂的岩层隧道也可合理选用多种预报手段，采取扬长避短、相互结合、相互印证、多参数多方位对隧道掌子面前方的地质情况进行预报的综合地质超前预报的方法对隧道进行监测。综合地质超前预报应遵守"洞内外结合，以洞内为主；长短结合，以短为主；地质与物探结合，不同物探方法结合"的原则。洞内塌方处置措施可采用管棚注浆法超前支护。这种方法可以充填坍塌体内部空隙和裂缝，降低岩土渗透性，改善坍塌体的力学性能，增强其整体性。

四、城市隧道施工中地表沉降问题

地表沉降控制值是城市地下隧道系统施工的主要技术指标，控制地表沉降置的关键是减少施工对地层的扰动。位于车水马龙、交通繁忙下的隧道，复杂隧道群，地表下各种管网电缆线交错、地表面高楼林立的地下隧道施工，由于隧道上部设施对土层沉降敏感，所以其施工难度和风险更大。地表沉降造成的危害主要有：对地下管线变形开裂等的影响；对地面建构筑物（包括路面）的过量倾斜开裂和变形等的影响。

1. 对地面管线的影响及改善方法

地下管线对地面沉降敏感，在施工过程中，主要是考虑地下管线对地表沉降所引起的附加应力、变形和接缝允许张开值。如果沉降超过其容许的最大值，就会造成管线开裂破坏。结合已有隧道的施工经验，施工中遵循"水平旋喷超前、严注浆、短开挖、强支护、早封闭、勤量测、速反馈"的施工原则，最大限度地减少施工引起的地面沉降。在控制开挖时地表的沉降，可以采用模型试验，土工离心实验以及现场量测的所得的数据分析沉降量的大小，如果沉降过大，可以采取调整施工工艺，改善支护结构（初次衬砌，二次衬砌）等措施来减少沉降。

2. 对地表及建筑物的影响及改善方法

在隧道开挖过程中，不可避免地会对洞顶土层产生扰动，岩土体中原有应力释放，使原有土体平衡遭到破坏，随之发生弹塑性变形、压缩和蠕变，导致地表发生下沉变形、倾斜变形、曲率变形、水平移动变形及非连续变形等，严重时将导致地表及地表建筑物的破坏。因此在隧道施工时应充分做好施工对建筑物产生的影响风险评估，风险评估步骤有以下几项：

（1）建筑物资料的调查；

（2）建筑物现状评估；

（3）地铁施工对邻近地层和建筑物的影响与预测；

（4）地铁施工沉降标准的制定；

（5）地铁施工过程施工管理和程序的制定。

确定施工中采用不同开挖方案时的地表沉降规律，从而优化施工开挖方案，保证其沉降值小于规定的允许值的问题。

五、复杂隧道施工中的问题

1. 双线隧道对围岩的稳定性的影响

城市隧道一般埋置较浅，岩体风化破碎，渗漏水严重，围岩自身承载力很弱，虽然初始地应力量值不会很大，然而开挖后引起的围岩应力则可能会波及地表和附近建筑物。由于地形因素的限制，隧道间距一般很难满足普通规范的要求。对于不同围岩级别、不同隧道间距以及开挖隧道时是否支护对围岩的稳定性的影响，从而为小间距双线隧道的修建提供依据，隧道净距一定时，围岩级别越大，洞顶位移越大。当隧道围岩一定时，隧道净距越大，洞顶位移越小。隧道衬砌后，围岩稳定得到了很大的改善。

2. 复杂洞群开挖时对围岩和地表沉降的影响

地表沉降控制值是城市地下洞群系统施工的主要技术指标。在复杂群洞隧道施工过程中，施工台阶长度的施工效应、不同施工方法的单洞施工效应、大断面施工的施工效应、立体交叉段的施工效应及群洞系统的施工效应都是我们要考虑的问题。在施工过程中，为防止坍塌、沉降过大，初期支护应紧跟开挖。当遇到立体交叉段的施工时，应先对横向通道做二次衬砌，然后开始立体交叉段施工。洞室的沉降与变形会因相邻洞室的开挖而相互影响叠加。所以，在复杂洞群的施工过程中，应适时做好支护衬砌，调整施工工艺，使地表沉降保持在合格的范围之内。

通过分析城市隧道施工中存在的不同类型风险，并针对每种风险类型给出了相应的控制措施，认为在城市隧道建设中应注意以下问题：

（1）隧道施工过程中遇到不良的地质现象主要是瓦斯、岩溶和富水软弱破碎围岩，在施工时，应采用综合超前地质预报并结合施工资料，对施工风险进行分析，制定出合理的施工方案；

（2）城市隧道施工风险因素多，针对地表建筑物和地下管线密集、交叉结构多，且对地表沉降敏感，施工中应坚持"早探测、严注浆、管超前、短进尺、弱爆破、强支护、快封闭、勤量测"的原则，稳扎稳打，步步为营，确保施工安全；

（3）隧道工程施工具有隐蔽性、复杂性和不确定性。这些特性决定了隧道施工具有很高的风险，且这些风险贯穿于整个工程建设中。综合考虑这些风险因素，并对工程建设进行有效科学的管理；

（4）应加强施工工程安全风险管理体系，建立有效的管理措施。建立超前预测预报系统，强化施工人员的施工安全意识，建立健全施工管理人员的安全体系，预防施工风险。

第八章 市政绿化工程

第一节 市政园林绿化工程项目质量管理

一、市政园林绿化工程质量管理理论

从广义来讲，市政绿化园林工程主要是指园林绿地工程建设，包括风景名胜区中涵盖的园林建设以及园林城市绿地工程。从更加细致的角度来分，有绿化工程、土方工程、园林铺地工程、园林建筑工程、园林筑山工程、园林理水工程等一系列相关的工程建设。这些工程的主要目的是为了使园林景观与工程建筑很好的融为一体，从而表现出园林艺术。本章主要介绍了相关市政园林绿化工程质量管理的基本理论，通过对相关理论的回顾阐述，并针对市政园林绿化工程的特性进行了其质量影响因素的分析。

（一）市政园林绿化工程质量管理的理论综述

1.项目与项目质量管理

（1）项目

项目指的是在总设计、总预算范围内，满足一定时间内其一系列特定目标相关工作的总称，是一次性任务；它由一个或几个互相之间有内在联系的单项工程组成，建成后在行政上统一管理，经济上可独立核算经营的工程单位。

（2）市政园林项目质量管理

市政园林项目质量管理应该是为了达到或满足其既定的质量设定以及目标，从而要求对项目进行质量策划、质量保证以及质量控制等等一系列的协调活动和工作。其质量管理就是为了满足项目建设实体方面要求为之进行的相关工作，是一个综合、复杂的管理过程。其项目全过程质量受到多种因素影响，如工艺材料、施工工艺、地质勘查、施工设计图、苗木习性、养护等均能直接影响项目质量。

2. 质量策划、质量控制与质量保证

（1）质量策划

质量策划 Quality Planning（ISO9000：2008）是质量管理的一部分，它主要致力于制定质量目标并规定必要的运行过程和相关资源以实现质量目标。其包括产品策划、管理和作业策划、编制质量计划和做出质量改进规定。

一般来说，市政园林绿化质量策划都是针对具体项目的质量管理活动进行的，工作开始前将涉及该项目的信息全部搜集起来后作为质量策划的输入。其内容主要有以下几个方面：①确定项目的质量方针或上级对质量目标的要求；②质量管理体系已明确规定的相关要求或程序；③购买者的购买预期以及需求；④策划活动的成果以及业绩；⑤与项目类似的经验与教训，可能存在的问题点或难点。

市政园林绿化工程质量策划最终的形成形式应是文件，也就是形成质量计划文件。应包括以下几个方面：①设定项目实施的质量目标；②各方具体工作或措施以及负责部门或人员的岗位职责；③项目实施需要的资源、工具和方法；④其他质量策划相关内容。

（2）质量控制

质量控制（Quality Control，QC）是质量管理的一部分，是致力于满足质量要求。中国全国科学技术名词审定委员会对质量控制的定义为："为使人们确信某一项目或服务的质量满足规定要求而必须进行有计划的系统化活动。"质量控制不能简单理解是质量检验，它是一个设定质量标准、测量结果、发现偏差、采取纠正或预防措施的过程，是质量形成的全过程，贯穿于每个质量管理的每一个环节。

市政园林绿化项目质量控制的工作内容主要包括了采取的作业技术和活动，这些过程有：①选择确定需控制的对象；②监测质量特性值；③确定控制标准或规格，详细阐述说明质量特性和控制对象应达到的质量要求；㈣明确相应测试手段或拟采用的检验方法；⑤进行质量检验并同时记录好相关数据；⑥分析实测数据与标准规格之间存在差异的原因；⑦采取相应的纠正措施解决存在的差异。

（3）质量保证

质量保证（Quality Assurance）指为了确保购买获得自己预期的产品价值以及产品服务，在这个过程中设定的有计划的、有组织的保证产品质量的活动，进而满足客户的产品需求。我们称之为质量保证。

为了确保质量得以保证，其前提基础应该是控制质量。质量控制和质量保证两者之间是一种相互依存的关系，相互制约又息息相关的。

市政园林绿化项目质量保证的工作内容主要包括了：

①相应的质量保证体系；②质量通病保证措施；③确保苗木成活措施等。

总之，质量策划、质量控制以及质量保证作为质量管理中的三个阶段，三者之间是相互联系、相互制约的。在质量管理中，质量策划用来指导质量控制和质量保证的活动，是设定项目质量目标的前提条件。它的地位低于项目质量方针，而高于质量控制和质量保证。

二、项目质量管理中市政园林绿化工程项目特性

市政园林绿化工程，它与建筑工程、市政工程等一样，都是以工程实体对象为标准来分类区分的，均属于建设工程范畴。一般产品或项目包含了经济性、安全性、可靠性、寿命、功性能等质量特性，这些特性不同程度满足了社会的各种需要。而市政园林绿化工程除了具有一般产品的通用特征外，还具有其独特的属性。其建设是一项复杂、多因素、多环节的生产活动，下面先了解一下市政园林绿化工程的特性：

（一）工程施工面积大，产品相对固定

一般市政园林绿化工程实体都相对庞大，其消耗的社会劳动量和建筑材料的品种规格众多，数量较大。鉴于其在建造过程中和建成后都无法移动的特点，需要参建各方的紧密配合方能顺利完成项目的施工任务。

（二）施工过程中存在不可预见性

市政园林绿化工程的绿化植物生长环境对于植物是否可以良好生长起到了很大的影响；突发的病虫害也会对植物的生长起到很大的影响；同时设计变更也会对市政园林绿化工程的施工起到很大的影响。因此，天气的变化、突发病虫害及政策性的调整都会对我们的市政园林绿化工程造成很大的影响，这些是我们在施工过程中很难预见的，我们只能尽自己的努力，针对上述因素的出现和可能出现的状况进行预判，会使得对项目本身的影响降低。

（三）工程具有长期性

市政园林绿化工程虽然施工工期较短，但是实际投入的时间还是相对较长的，植物是否能成活，能否长势较好，能否最终体现设计效果，在很大程度上还是依赖于栽植过后的养护管理。俗称"三分种，七分养"，这充分体现了养护对于植物生长的重要性。大约经过 1 ~ 2 年的生长缓苗期，基本可以很好地存活，这也说明了我们要将更多的精力做好后续的养护工作。

（四）施工范围广、内容多，工期紧，投入量大

一般市政园林绿化工程占地范围比较广，拆迁任务繁重，其建造过程中又受交通状况和居民的干扰影响等多方面的制约。同时城市市政园林绿化工程涵盖了市政工程中的道路、桥梁、管道工程；土建工程中的建筑工程、装修工程；安装工程中的亮化工程；园林绿化工程等，内容多、综合性强。又由于该类工程一般主要由政府投资建设，工期要求都很紧，准备阶段时间较短，开工一般都比较急促，缺乏一定的周密性，往往会出现"只求进度、不求质量"的现象。为了尽早发挥投资效益，需要投入较大的人力、物力和财力，导致投

资费用过高。

（五）工程有其独特性

市政园林绿化工程中的材料大量运用了树种、草地等，属于活性体，这从根本上就有别于其他工程建设材料。因此这种有生命的材料存在着一个种植、养护的过程；同一物种既存在共性，又存在着个体差异。

（六）工程追求艺术美，有艺术性特征

在市政园林绿化工程中，建筑物的建设、景观的设定以及植物造型三者之间在设定的时候应该有一种美感，给人以美的享受。如果在设计阶段未能完全体现，就需要通过工程技术人员不断地创新与深化，达到设计所需的最佳效果。

三、项目质量管理中市政园林绿化工程的影响因素

影响市政园林绿化的质量有许多因素，但核心的影响因素无非是人员的技术水平、材料的质量水平、施工质量的控制方法、机械的使用情况和施工环境，因此可以从五个因素进行严格控制，以保证其质量，即4M1E因素，包括人（Man）、机械（Machine）、材料（Material）、方法（Method）和环境（Environment）。

（一）人员的因素

人在建设项目中是重要的影响因素，人的行为直接受到人的素质的影响，主要包括：正确的人生观、良好的道德观、世界观、一定的知识文化水平、良好的沟通管理能力、可靠的职业技能等。在用人方面应该根据园林景观设计人员的特点以及园林景观设定的要求，从质量出发，确保人才的优势得到最大的发挥。而目前市政园林绿化工程比较突出的问题就是我们的施工人员施工水平欠缺，缺乏一定的知识文化水平和一定的道德观，造成了对项目质量的一定影响。因此，对于项目人员的选择因考虑如下因素：

1. 项目经理的选择

项目经理是受企业法定代表人委托或授权，在整个项目施工全过程中，全面负责项目管理担任的岗位职务。其就是整个项目的核心，项目经理必须具有：

（1）良好的职业道德，对整个项目要用一种崇高的责任感。

（2）丰富的实践经验，能够熟练运用项目内外各种资源和项目管理知识体系，从而保证工程项目的正常运行，并最终目标的实现。

（3）一定的沟通协调能力。

2. 现场技术管理人员的选择

项目经理是工程项目建设的重要人物，但项目还需要一个团队的紧密合作才能圆满完成，所以现场技术管理人员的选择在一定程度上也决定了此项目的成功与否。对于现场技

术管理人员，应该具有：

（1）能吃苦耐劳的精神、优秀的工作作风和精湛的技术。

（2）持证上岗，专业管理人员必须经过相关部门培训考试并持有相应的岗位证书；

（3）具备一定的知识水平和综合专业技术，如市政工程技术、建筑工程技术、园林绿化栽植与养护技术等。

3. 项目劳务人员的选择与控制

一个项目能否顺利实施，除了项目管理团队人员素质和努力之外，还受到劳务施工人员素质的影响。其应具备：

（1）具备良好的职业道德，良好的执行力；

（2）具备一定的城市市政园林绿化工程相关施工经验；

（3）具备吃苦耐劳的精神和精湛的施工技艺。

（二）机械设备的因素

施工机械设备是现代化市政园林绿化项目建设必不可少的因素和重要的物质保障，它能一定程度上缓减用工的压力；是否合理选择机械设备是工程项目建设全过程中非常重要的环节，根据市政园林工程质量的最新要求，选择机械设备的型号及性能参数、机械设备的操作和机械设备的使用计划等三方面加以要求。

1. 机械设备机型和性能参数的选择

在机械设备的选择上，要从市政园林绿化工程的特点和实际需要考虑，根据项目对施工工艺、适用性、性能和效用等要求，考虑确定不同机型。在正确确定各种机械的机型后，接着需要确定的就是性能参数，以更好地为项目服务，避免出现"小马拉大车"或"杀鸡用牛刀"的现象。

2. 机械设备的操作

在项目实施过程中，操作人员必须熟知机械设备操作规程和注意事项，熟练操作相应机械，保证其施作的质量。我们必须做好二点：一、操作人员必须持证上岗，定期进行继续教育和培训考核；二、建立健全机械设备管理规章制度，实施定人、定机、定岗的"三定制度"，并最终责任到人。

3. 施工机械计划的编制

根据项目的具体实施方案、设计效果要求和进度计划等合理编制机械设备使用计划，并根据施工工序合理安排机械的进退场，以保证工程项目的顺利实施和完成。

（三）材料的因素

在市政园林绿化工程建设中，除了人才要素以及机械要素之外，工程材料作为市政绿化的基础，需求量大以及品种多，并且供货渠道众多且复杂。因此，工程质量的好坏很大程度上取决于施工材料质量的水平。材料质量的控制应贯穿工程施工全过程。在市政园林绿化工程中，材料质量控制，我们应做好如下工作：

1. 加强材料的源头质量控制，选择合格材料供应商。

在公司材料供应商合格的名录上初步甄选出适合本项目的一些名单（如沥青拌和厂、绿化苗圃、石材厂家等），并组织相应专业人员对初定的一些供应商进行实地考察，充分了解其供应能力、经营规模、社会信誉等，结合项目的需求计划、材料标准等，根据所掌握的工程材料价格、质量、供货能力对供应商进行审核，商谈确定最终的供应商，以确保材料供应满足项目的实施需要和实体工程质量。

2. 材料的抽样检验

市政景观材料进场前，对其进行必要的质量检验，一般包括：材料出厂身份检查、外观检查、物理实验和化学检验，待各种检验结果满足要求后方可申报使用。绿化苗木须有相应的检验检疫报告及证明。

3. 认真审核材料提供商信息，严把关材料质量，淘汰错用以及不合格材料。

（四）方法的因素

在整个园林绿化工程项目建设过程中，涉及方法因素的内容较多，主要是与工程建设相关的方针政策、建设程序、工艺流程和技术规程等。而作为其质量管理的体系较少，现主要有如下三个方面：

1. 质量保证体系的建立健全

质量保证体系的主要目的是满足施工图设计要求和有关标准规程，保证工程项目能实现预期的质量检测和验收。通过确立工程质量的保证机构以及建立质量体系文件编制和质量保证配套管理制度的建立健全等，最终实现对园林绿化工程项目整个施工过程的全面质量控制。

2. 施工技术准备

做好施工图纸的审查、原始资料和现场情况的调查分析、规范规程和技术人员的培训等方面是施工技术准备主要工作。

3. 施工计划

在所有的前期工作准备就绪之后，市政园林绿化的施工设计方案作为整个工程的核心，包括工程施工方法、施工流程以及机械施工程序、绿化大规格苗木的栽植和反季节种植等，其合理与否，直接影响到市政园林绿化工程的质量控制目标能否顺利实现。

（五）环境的因素

工程项目的环境到底由哪些内容组成的？其主要内容包括工程区域地理环境、工程资源环境、工程技术管理环境等。在项目实施过程中，涉及项目的各种环境因素总是不断变化的，其中施工地点的天气气候、地质地貌、交通状况等因素对项目的实施影响较为突出。充分对环境条件的认识、改进和利用，是控制环境因素的必要举措，对工程质量起着重要积极作用。所以，在进行市政园林绿化工程时，应该结合当地的具体条件，因地制宜，积极采取有效的措施提高工程质量，控制不良因素。涉及市政园林绿化工程的主要环境因素有：

1. 恶劣的气候条件

结合园林工程的特点，在大风、暴雨、炎热、严寒的天气情况下，应该着重考虑到道路基础工程、沥青面层摊铺工程、基础工程、大树移植、播种育苗以及土方工程等受到气候的影响，所以应该拟定相关的措施、防止工程之后出现冰冻、干裂、冲刷、高温等危害。

2. 土壤的选择

土壤的选择必须符合将要栽植的苗木的生长盐碱性及营养性需要，在使用前必须经过专业部门进行土壤化验，对于不符合要求的土壤如需要使用应进行改良，只有保证了苗木的土壤生长环境，才能保证苗木的正常生长，也才能有效地对于整个园林绿化工程项目的质量进行控制。

第二节 市政园林绿化工程质量管理对策

在对市政园林绿化工程质量管理理论及其影响因素进行分析后，本节针对我国目前市政园林绿化工程施工质量管理过程中存在的重要问题进行阐述分析并通过详细论述制定全过程质量管理理论及科学的反季节栽植措施解决其问题。

一、市政园林绿化工程质量管理的现状和问题

随着我国城市化的不断推进，市政绿化行业的不断发展，并且市政绿化工程项目质量管理在这个过程中得到了一定发展。但同时，在这个过程中，尤其是绿化工程质量的监管过程中存在一定的问题，并且没有认识到问题的严重性。所以从现在的实际情况来看，有关园林绿化工程质量的管理方法的研究迫在眉睫。

1. 作为新兴行业，市政园林绿化行业质量管理未形成完整体系

目前，我国的市政园林绿化建设领域项目管理相比国外来说，还是处于起步阶段，与发达国家相比存在很大的差距；同时由于市政园林绿化行业属于工程领域中的一个新兴行业，由于起步晚、入行门槛低，质量管理过于粗放、缺乏创新、质量控制还停留在原始的简单的水平上，且园林绿化管理人员水平参差不齐，缺乏专业的高素质管理人员，导致质量控制没有形成系统和规范。

2. 缺乏科学的反季节栽植措施

由于我们过多的依照自己的喜好和需要或其他因素来选择栽种的品种、栽植的时间，而没有考虑到苗木本身的生长特性和需要的生长季节、时间和环境，大量的反季节栽植，同时又缺乏科学的反季节栽植措施和合理的养护措施，而造成的苗木成活率不高甚至死亡。

二、市政园林绿化工程质量管理存在的问题的对策制定

质量是任何工程的核心，当然也是市政园林绿化工程的核心，而质量控制的好坏也决定着园林绿化工程建设的成败。只有提高工程质量水平才能真正提高工程的经济效益、社会效益和环境效益。对于园林绿化景观工程的施工企业来说，园林绿化工程的质量管理是头等重要的工作，必须认清行业中目前存在的质量管理问题，并针对问题形成相应的解决办法。

（一）建立完善的全过程质量管理体系运用在市政园林绿化工程质量管理中

针对于目前行业质量管理过于粗放、缺乏创新，很少有施工企业将质量管理进行体系化管理的问题，提出通过制定项目质量目标从而进行质量策划、质量控制、质量保证等措施形成全过程质量管理。

1. 设定质量策划

（1）建立项目质量方针和质量目标

质量方针指的是该组织的最高处在其领域颁布的质量宗旨以及检测要求。作为全体员工的质量方向以及质量行为准则，体现了该组织对质量的追求，以及对业主的责任。一般而言，质量方针和组织经营的管理原则是一致的。在市政园林绿化项目上，其质量方针是"发挥各方优势，形成最大合力，科学规范管理，精品回报业主。"质量方针和质量目标的需求与持续改进的承诺是一致的，并且可以测定其目标的实现程度。市政园林工程质量目标制定依据是工程所采用的技术规范及验收规范：《城市园林绿化工程施工及验收规范》（CJJ182-2012）；《城市道路路基工程施工及验收规范》（CJJ44-2008）；《沥青路面施工及验收规范》（GB50092-96）；《埋地排污、废水用硬聚氯乙烯（PVC-U）》（GB/T10002.3-1996）；《混凝土和钢筋混凝土排水管国家标准》（GB/T11836-2009）；《建设工程监理规范》（GB50319-2000），等等。

（2）建立市政园林绿化工程项目的组织机构和职能分配

①施工组织机构设置

根据工程的特点，为保证工程按期、优质、高效地履行合同，抽调精兵强将组成工程项目经理部作为工程驻场的指挥机构，全面负责组织和实施。

②项目部职能分配

根据工程特点，工程量及工期要求，调遣项目部及各班组。

（3）编制市政园林绿化项目施工组织设计

作为项目质量管理三个因素之一的质量策划，其主要目的是制定质量目标并确保其能在规定的运行过程中实现目标。例如，市政园林绿化工程项目的质量策划就应依据相应的施工规范、工程项目管理规范、设计规范、国家强制性规范、节能规范等一系列国家、行业、地方标准和法律法规来进行。项目质量策划是实现质量目标的基础和前提，同时也是客户需求与企业质量管理体系之间链接，是实现设定的质量目标的重要手段。

对此，施工企业及项目部应分别组织专家及技术人员进行研讨，在企业的项目管理框架要求下，充分结合市政园林绿化工程的实际情况、技术特点、施工图设计和行业标准，制定工程的质量管理措施、技术措施、工程管理人员岗位职责和质量管理制度。

①制定工程质量的管理措施

为提高施工队伍施工的积极性，企业需对工程质量进行重奖重罚，明确对工程施工项目创优工程的予以重奖，不合格则重罚。企业从人、财、物上对项目经理部予以全力支持。

以项目经理为主，企业派专职管理人员，按照三级质量管理体系制定质量责任制，各岗位职责分明，分工负责。项目经理部组建 QC 小组，有计划、有目标地开展 QC 活动，创建优质工程。

坚持按正确的市政园林绿化施工工艺和施工顺序，严格执行施工操作规程，做到不因贪图方便而使工程质量受到影响。

坚持事前技术交底、事中监督、事后保证的技术管理制度。

建立工程质量检验制度。由企业或项目部对每道工序在施工中及施工完毕后进行质量巡视检查、预检和抽检，发现问题及时纠正。上道工序未经检查验收或验收不合格，不得进行下道工序施工，形成完整的三级质量保证体系。

坚持工程测量复核、隐蔽工程验收制度。每道工序完成后，须经项目测量员进行工程测量复核并签证后，方可进行下道工序施工。在工程验收之前 24 小时，现场工程师书面通知业主代表以及监理工程师，在工程验收合格之后方可进行下一阶段的施工。

2. 制定工程质量的技术措施

①原材料质量控制。所有进场材料必须具有出厂合格证和试验报告，苗木须有检验检疫报告并会同监理工程师和业主代表抽样试验，合格后方可使用。

②施工人员的技术素质保证。选派企业具有丰富施工经验的项目经理，同时配备高素质技术、质量意识强以及施工能力强的项目施工员、质检员等。

③在各工序施工中，严格执行有关施工规范和规程，按图进行施工，制定具体的操作措施，选择技术过硬的人员对关键地施工，并有质量员以及技术员监督施工操作，对发生的问题及时进行纠正，施工中及时对材料进行抽样试验。

④检验工序程序。在施工完成之后应该及时对施工过程中的每一道工序以及施工部分进行质量评估。隐蔽工程完成后先自检合格方能报监理工程师验收。对于一般的工程项目

的子项目，先自检，然后由质检员评定，确保工程质量。对于不合格的施工项目一定要求从新返工，直至达到要求。

⑤保护成品，加强养护。对于已经完成验收的工程项目应该加以保护，防止损坏、污染，甚至损害。

⑥雨季施工防范措施。做好现场排水。及时观察天气，在雨季进行混凝土浇筑作业时应该避免雨天施工。同时还应该注意现场机电设施、后勤保障等具体可能影响到工程进度的因素。遇到问题及时排除，及时解决。同时，在施工的过程应该注意防雨的问题，提前做好防范，避免因为雨的问题而导致工程中途中断，影响工程的进度。所以选择合理的施工时间是十分重要的。另外，在进行混凝土的配置的时候还应该注意到天气情况，调整石沙以及水泥等比例，泥浆与砂浆合理比例。最后在基层施工时做到随铺、随碾压密实。对雨季施工的绿化种植工程，应采取大雨停小雨干的办法，提前收听天气预报，因天气因素无法起挖种植，苗木不允许出圃。雨天施工保存的苗木，做好集中保管，覆盖防雨布。做好场地排涝措施，防止场地积水。机电设备必须加盖防雨罩，以免雨水损坏设备，手持动力工具安装漏电保护装置，雨后要对机电设施进行检查。

⑧夏季施工。夏季气温高，水分蒸发快，为确保混凝土水化充分和防止出现干缩裂缝，浇筑完成后及时覆盖养护，时间不小于 7 天。炎热天气混凝土在浇筑之前的混凝土温度不能超过 32℃，因此在夏天进行浇灌的时候应该采取一定的措施：生产以及浇筑时的设备应该冷却，并且在集料以及其他成分时应该遮阴冷却；可以采用喷水或者加碎冰块搅拌和匀；在与混凝土以及钢筋、模板等其他表面接触的表面浇水冷却，使温度保持在 32℃以下，在条件允许的情况下可以盖棉絮或者湿麻布以保持温度等等或者其他可行方法。

⑨冬季施工技术措施。这主要是指冬天以后，应该注意天气，防止温度骤降，所以防寒材料以及保暖等用品是必不可少的，严格控制冬季施工时的砼水灰比，骨料中不以夹带冰霜；冬期施工砼试件不少于二组，重要部分还要视情况增加；拌和水温入模湿度不能低于 5℃，加热后的水温度不超过 80℃，其骨料的投放顺序应该是先骨料后热水次水泥，并且还应该清除模板和钢筋上的污垢；在灌注砼时应该时时监控温度，做好记录。在砼灌注后还应该加强保温措施，保证三天之内周围温度在零下 5 摄氏度的时候覆盖一层塑料薄膜，一层草袋，在温度为零下 5 摄氏度到 16 摄氏度时覆盖一层塑料薄膜，两层草袋；因此，在冬季施工中除了对砼质量的检查应遵守常温施工的规定外，还应该检测外加剂的掺量，以及水、骨料的加热温度，以及拌和延长时间。

3. 制定工程管理人员岗位职责和质量管理制度

①项目经理岗位职责

项目经理的岗位职责：A、根据国家相关法律、法规以及相关的政策、方针和强制行标准，贯彻到本企业的各项管理制度中；B、代表公司全面负责施工项目，组织项目管理规划以及项目质量监控，保证计划、各类施工技术方案、安全文明施工组织管理方案并督促落实工作，进行目标管理和施工前的各项准备工作；C、建立合理有效的项目管理组织机构并组织实施，负责项目部协助公司做好"三位一体"贯标管理体系，根据工程的特点制定相应管理办法和规章制度；D、工程实施过程中，在权责范围内沟通协调好建设单位、现场项目部作业层以及企业管理层之间出现的问题，并接受监理公司、业主等单位的监督和管理，接受公司各条线的管理，展现公司形象；E、按照合同条款高标准的确保工程的质量、进度以及安全文明和环境等体系按要求实施，并负责工程的竣工交验和责任期内的维修，做好工程的回访工作，使业主满意；F、做好项目部人员的业绩考核、评价和激励；G、负责完成公司领导交办的其他工作。

②项目总工程师岗位职责

项目总工程师岗位职责：A、在项目经理的领导下对工程技术质量、安全文明、进度等工作全面负责，协助项目经理履行对顾客的工程施工合同，实现本工程项目质量、安全文明等目标；B、负责本工程施工组织设计、工程质量创优计划书、创文明工地计划书和特殊分项工程施工方案的编制和审核，并组织专人跟踪监督和记录施工方案的实施效果，切实做好施工方案的实施、产品的质量控制、工程的技术总结；C、及时与监理方、业主方等沟通，协同桥梁技术负责人、施工主管共同做好每道工序的质量验收工作和签证工作；D、督促项目部资料员等技术人员共同做好技术资料的编制和整理工作，在工程完工后，做好工程竣工资料的编制整理工作；E、组织施工技术人员学习国家、行业有关质量、安全文明等技术标准、规范、规程；F、做好各级优质工程、安全文明的申报工作；G、及时向项目经理报告工程进展的实际情况，负责完成项目经理交办的其他工作。

③施工主管岗位职责

施工主管岗位职责：A、在项目经理的领导下，协助项目经理、技术负责人做好工程质量、进度、安全文明等工作；做好硬质景观、绿化、道路、排水工程实施过程中施工日志的翔实记录，做好各主要工序的技术、安全交底记录，做好工程全过程中主要施工工序现场影像等摄取和归档整理工作；B、负责汇总、编制本工程各阶段的施工计划，做好工程月度计量汇总和申报工作（包括监理单位、企业等），经常深入工地现场，检查施工进度、计划完成状况；C、做好本工程实施过程中各道工序的各类试验申报和全过程跟踪管理工作，及时与技术主管、工地试验室第一时间沟通，使各类试验的频率等均满足规范要求，同时督促施工现场材料、设备的进驻验收；D、督促做好工程项目尤其是景观、道路等测量放样工作；E、及时向项目经理报告工程进展的实际情况，负责完成上级交办的其他工作。

④技术主管岗位职责

技术主管的主要职责：A、理解国家相关行业的法律法规、方针政策以及相关强制标准，配合技术负责人、施工主管督促工程资料的编制，要求技术资料与施工进度同步。认真督促做好项目全过程施工技术资料的编制、立卷和归档工作；B、建立规范、详细的施工技术资料、试验资料等各类台账，与试验室经常及时沟通，汇总好施工材料的总需用量，对照取样的相关标准，使试验频率满足规范要求；C、督促测量队计算并汇总审核好全线工程的测量数据并留项目部备份（如各道工序的高程），便于技术资料的编制；D、配合做好项目质量管理工作和工程质量创优计划书的制定，负责技术质量事故的调查并协助处理；E、深入施工现场负责对施工过程中的重大分项工程的测试、测量进行抽查、复核；F、配合施工主管做好各种原材料、预制品等材料的质量把关，同时做好各种材料"三证"的收集工作；G、努力完成项目经理等交办的其他工作。

4. 制定项目质量管理制度

制定切实可行的项目质量管理制度有利于项目质量管理活动的有效实施，确保质量管理目标的实现与质量管理制度密不可分。在市政园林绿化项目中，为了能实现既定的质量目标，项目部需制定必要的质量管理制度：例如加强质量检查管理制度、施工质量管理制度等。

（二）确定质量控制

工程质量是工程建设的命脉和血液。如果任何一个节点出现问题，都会给工程的质量带来严重的后果和灾难。简单来说，工程质量控制就是尽可能以最经济地方式建造出需求者要求的高质量建设产品所采用的一系列体系方法。按照市政园林绿化施工阶段来分，可以分为三个阶段，即施工准备、施工过程和竣工阶段的质量控制。

1. 制定市政园林绿化工程项目准备阶段的质量控制

（1）技术文件资料的积累：

①了解收集项目工程地的自然和经济条件进行调研，收集各项地形地貌、环境、地质、交通状况情况、气象、水利水文和材料供应条件等基础性资料，作为确定合适施工方案和施工组织的重要依据。

②工程测量控制资料，项目部设置专职测量组，由测量工程师、测量员及测量工组成，负责全过程的施工控制网测量及复测、施工定位测量、施工监控测量及测量内业和测量报验工作。同时原始基准点、基准线、控制网是施工测量控制的重要内容，要有专人进行妥善保存和复核。

（2）建立人工、材料、机械各情况登记表

（3）建立质量控制的相关法律、法规性文件、标准和法规

（4）采购质量控制：采购质量控制主要包括工程材料采购及供应商的质量控制，对工程质量的形成起到重要作用，项目部应对采购工作做好比选方案并进行监督。

（5）质量教育与培训：质量教育与培训是通过进场前的教育培训，增强技术人员的质量意识，提高质量管理综合能力，使技术人员满足从事本项目质量控制工作的要求。

2. 制定市政园林绿化工程项目施工过程阶段的质量控制

施工过程质量控制的依据是工程合同文件、设计文件、技术标准、施工方案、工艺流程等，具有控制因素多、控制难度大、过程控制要求高和终检局限大的特点，是项目质量

控制的关键控制阶段。项目施工过程都是由一道道工序衔接组成的，工序质量是在施工过程中人、机械、材料、方法和环境这五个因素对市政园林绿化产品起综合作用过程的质量。工序质量控制原则是通过对具有代表性的一些施工工序进行必要的检测、统计、分析，从而来判断整个工序的质量情况。因此施工过程质量控制也是施工工序的质量控制，施工工序的质量控制是项目质量的关键环节。要想确保工程项目施工质量，必须有效控制对每道工序的质量，在工序质量控制时，一般要着重做好以下几方面工作：

（1）积极主动控制好项目工序活动条件质量，项目工序活动条件主要是指在施工过程中人、机械、材料、方法和环境这五个因素；

（2）确定并执行好工序质量控制工作计划；

（3）及时检查工序的质量情况。主要是实行项目班组自检、互检和第三方检验，隐蔽工序以及上下道工序交接检验的质量检验工作；

（4）结合项目情况，设置工序质量管控节点并进行重点管控。工序质量管控节点是结合本项目，针对影响质量的薄弱环节和关键部位作为重点控制对象进行严格的质量监控。

综上所述，工序质量控制点是施工过程质量控制的重中之重，关键技术、重点部位以及对施工影响较大的施工内容，包括新设备、新工艺、新材料以及新技术的"四新"等，均列入项目质量控制点。结合项目特点，在制定项目总体质量计划后，分析罗列本项目的主要质量控制点。

3. 市政园林绿化工程项目竣工验收阶段的质量控制

市政园林绿化工程施工质量验收涉及工程施工过程和竣工验收控制，工程完工后，按照合同及相关要求，要对项目进行实体质量检查，外观检查和质量保证资料检查，并分为过程验收和竣工验收，验收结果符合国家标准和文件要求方可视为合格。

（1）工程质量验收程序：

①各分部分项工程完工后，由施工单位检验人员自行检验评定汇总；

②施工单位自检通过之后，向相关单位提出验收申请并由建设单位以及监理单位等部门对该项目进行检验并形成相应的书面报告。

（2）质量验收的依据和内容：

①市政园林绿化工程项目验收的标准主要是按照国家相关的法律法规以及行内制定的技术标准、施工设计图、施工合同等；

②工程质量验收的主要内容有三个方面：一是工程实体实测实量；二是外观检验；三是内业资料，尤其以原材料检测和施工过程质量检测等资料为重点。

（3）过程验收控制要求：施工工序是施工过程中较小的单元，是形成质量的关键。

对施工过程中的各道工序进行有效监管，对整个项目的质量控制起着举足轻重的作用。过程验收控制要求有：

①参加质量验收的人员必须持证上岗，符合国家有关规定及相关要求；

②市政园林绿化工程项目的质量验收工作在施工单位自行检测、验收评定合格后方可进行；

③项目全过程中，做好工程原材料的取样和检测工作。在监理单位通知相关单位验收合格之后隐秘工程方可进入下一阶段工程施工。

（4）竣工验收控制要求：竣工验收主要分为初验和终验两个阶段。初验是竣工验收前的预验收，提出存在的问题进行汇总后整改到位再申报各方检查验收。待初验合格后，由建设单位会同政府相关部门、设计单位、监理单位、施工单位、接收单位等部门，进行最终的竣工验收。竣工验收阶段具体的要求如下：

①施工单位自行质量检验：为了在项目竣工后顺利通过正式验收，由施工单位自行组织质量验收小组对已完工程进行质量验收，质量检验一般分为分包单位自检、项目负责人自检和企业汇总检验三个层次；

②施工单位提交验收申请报告：施工单位自行质量验收通过并监理复核同意后，施工单位提出书面验收申请，建设单位组织相关验收部门，确定竣工验收日期和验收安排相关事项；

③建设单位组织相关部门对已完工程进行预验收，预验收合格后，就提出的存在问题在规定的时间内整改完成后再行申报正式竣工验收；

④建设单位对预验收合格的工程项目存在问题的整改情况进行审查，组织最终竣工验收。

（三）建立质量保证

市政园林绿化工程质量保证是其全过程质量管理的重要组成部分，建立质量保证其一需建立健全质量保证体系，其二需对质量通病提出保证措施。

1.建立健全市政园林绿化工程项目质量保证体系

（1）在市政园林绿化工程项目中，质量保证体系以及体系框架之间存在一定的关联性以及相互作用性，自成一个系统。质量管理体系包括控制组织的管理体系以及质量管理方面的指挥，这一套体系为企业实现质量方针、质量目标而设定并且对内保证质量管理、对外保证质量控制。

市政园林绿化工程项目质量管理体系主要由三个质量保证体系构成如下：

①组织架构保证体系：组织架构体系的科学性决定着质量保证体系的质量，在体系中有三个方面的要素需要得到明确：一是确定最高层领导在这一体系中的领导和指挥作用；二是确定全体人员参与的具体形式以及程度；三是专业的质量管理人员在具体的时间中的权责范围以及相关的人员配置情况。

②质量标准保证体系：只有完善的质量标准才能对质量情况做出正确的评判，同时在建立这个体系过程中应该遵循两条基本原则：一是必须采用统一的质量术语和可操作性的执行细则，便于进一步的衡量比较；二是必须有可量化、具体的质量要求。

③规章制度保证体系："没有规矩，不成方圆。"质量保证体系的正常运行离不开完善的规章制度做指引和规范。

（2）市政园林绿化工程项目质量保证体系的建立健全步骤

①质量保证体系的策划与设计

该阶段主要任务是做好前期各项准备工作，包括统一认识，教育培训，拟定计划，组织落实；确定质量方针和质量目标，进行现状调查和分析，适时调整组织结构和配备资源等方面。

②编制质量保证体系文件

按照上一级的要求以及实际的需求情况，从质量角度出发来编制质量保证体系文件，确保市政园林绿化工程项目质量符合相关文件要求。

③试运行质量保证体系

在编制完成质量保证体系之后，即投入试运行阶段。

④质量保证体系的审核与评审

质量保证体系审核在体系建立的初始阶段更加重要。其审核的重点，主要是确认和验证体系文件的有效性和实用性。

（3）市政园林绿化工程项目质量保证措施和质量通病防治措施

企业需对该市政园林绿化工程中的重点、难点及关键节点建立相应的质量保证措施，对容易产生质量通病的节点建立相应的防治措施。

（四）建立适应项目施工的反季节苗木栽植措施

针对目前苗木因大量反季节栽植但缺乏科学的方法和反季节栽植的措施作为保障，必然导致苗木普遍成活率不高甚至死亡。在此情况下，建议需有一套科学的反季节栽植措施。反季节栽植措施最重要的点就是水分管理，通过建立从选择苗木、起挖苗木、修剪苗木、运输苗木、树穴开挖、苗木栽植、到最后栽植后养护管理等一系列科学措施并辅以一些药剂如蒸腾抑制剂、生根粉等保证苗木反季节栽植的成活率。具体措施如下：

1. 前期准备工作

（1）苗木的采选

苗木的种植可以就近采选，如本地的或者附近城乡苗圃中的树苗。可以采选树木外观形态美、生长均匀健壮、根系生长强壮发达、没有损坏、虫病、符合图纸中所需求的树龄相对小的苗木。健壮生长的树苗通过大量的移植，其成活的概率比较大。大规格苗木应该提前1~3年修冠、断根、培养苗木或者是尽量的采选假植苗。不应该选择失水了的裸根的假植苗或者已经开始发芽的植苗。

（2）苗木的起挖

苗木应该带着土球起挖，这样可以对苗木根系起保护作用，同时在你挖苗的过程中，土球应当扩大，挖乔木时，土球应是胸径的五到八倍，挖灌木时，土球不应当低于其管径的 30%。土球大小可以根据留叶量以及树冠的形状来定。起挖苗木既要稳也要快，绝对不可使劲地扳、拉、拽，避免土球遭破坏。挖好之后应马上用绳或者稻草等对土球进行良好的包裹，牢固的绑扎，使土球能够不松散，这样可以预防土球在运输的过程中散裂开。尤其是喜阳的苗木，一定要把树木的阳面朝向标记好。

（3）苗木的修剪

在对苗木的起挖之前，应对落叶乔木采取疏枝、截干以及摘叶等；针对有较强的萌发力的苗木，在移植之前应当保留主干部分，将所有冠幅截去；针对有较弱的萌发力的苗木将冠幅修剪掉大概 60%；哪怕是很难萌发新芽的苗木，在保留主干和主枝时，同样要修剪大部分的叶片和侧枝，从而使根冠比平衡，苗木的代谢就可以达到植株时能承受的标准。对于常绿乔木，同样在不破坏树形美观时对疏枝修剪，长绿阔叶树应当将老叶摘除。灌木树种应该疏去所有新生的嫩枝，保留枝也应适当摘叶，只对 30% ~ 50% 老叶保留，从而降低蒸腾．萌发力很强的小灌木可以留 20 ~ 30cm 在地面上重剪，对于灌木容器苗可少剪或不剪。乔木也应当用草绳绕好树干以及粗壮侧枝，同时洒上水喷湿，从而降低树干的水分流失以及在运输过程中的碰伤。并且及时用乳胶漆或者油漆将剪口以及锯口涂抹，或者用塑料袋从锯口上方向下包 3 ~ 5cm，防止剪口处的水分流失以及感染。

（4）苗木的运输

运输苗木应当随挖、随运、随栽。运输前和途中，树冠和树根要及时喷水，并且遮挡住阳光。运输途中尽可能保护土球以及枝叶的完好，必要的情况下防止树皮损坏，可在车厢中垫上草袋，装车要按照车辆的前进方向，整齐摆放，使土球放前面、树冠放后面。路途很长时，落叶乔木应当用彩条布或者无纺布裹严树冠，避免运输途中苗木蒸腾水分流失。运到施工现场，要及时卸车，将其放置阴凉地方，同时喷水降温且保湿。应当在阴天时候起苗，在夜间或者阴雨天运输。

2. 树木的栽植和移栽

（1）树穴的开挖

树穴要事先挖好，苗木运到就要尽快地栽植。平根系树种要选择直径大的树穴，直根系树种要选择深度深的树穴，一般情况下直径要大于规定的土坨或者根系的 30 ~ 40cm，应分开放置中底部土以及挖出的表土，同时清除碎石块等杂物，在腐熟的有机肥垫在树穴的底部，上面铺一层厚度在 5cm 之上的壤土。排水不好的种植穴，为了排水，可以将10 ~ 15cm 的沙砾垫在穴底部。

（2）乔木的栽植

当日的栽植的苗木应该在当天全部栽植完。在栽植以前，要根据设计要求检查苗木的相关要求，并核对好树穴口深度和大小，修整不符合要求的种植穴。栽植的时候要将树木主要的观赏面调整好，在土球入穴之前，应当将穴底的松土踏实，直立树干，放稳土球，之后将不容易腐烂的包装拆除且取出，如果土球很松散，腰绳之下的部分可以不进行拆除，给根部喷撒生根剂来促进萌发新根。落叶乔木的栽植深度应和原来的栽植线相同；栽植常绿树的时候，应使原栽植线高于地面 5cm，并且在外圈修筑树堰，可以方便浇水。

移植树木时还应留意树体的朝向，阳性的树种要使树体的阳面向南。定植完成之后，用水将缠干乔木的草绳喷湿。并且用支架支撑树木，高大的树木使用"井"字架。桩位可以在土球范围及根系之外，两个水平桩的"十"字交叉位置要在树干上风方向，水平桩和地面 1m 以上间距，在扎缚地方垫上软物。三角桩应当结扎在树干的 2/3 的处，固定可以用钢丝绳或者毛竹，三角桩一根撑干应该在主风向的上位，剩余两根应当分布均匀，为预防树皮磨伤，树干和支架的交接处应垫上隔垫。

（3）栽后的保养

①灌水要按时且适量：栽植完成要马上浇透 1 次定根水，；栽后的第二天要补浇 1 次，一星期之后再浇透 1 次水，到第二月再浇透 1 次水。等到第 4 遍水渗透之后 2-3 天要按时的中耕，添土填平。围高 30cm 的土堆在树干的四周，为了保证土壤的水分以及防护树苗因大风致使的土壤和根部分离，中耕的时候应打碎土块，避免因锄得太深而伤及树根。应使用细湿土来封闭树坑，并且树苗的根部土要高于平地。之后，根据干旱的状况而来定浇水次数。每一次浇水之后，应都要按时封坑，维护土壤的水分。

②为保湿而坚持喷水：为维护湿润的环境，每日应当向枝叶上喷雾。栽植后的一星期内向枝叶喷水。一直到发芽新枝，才可停。秋季转凉时注意日常的养护。

③遮挡阳光：温度在 30℃以上并且阳光很强烈的时候，一定要搭建遮阴棚。遮阴棚顶端与周围和树冠要保持 50cm 距离，使棚内空气通畅，预防树冠被日灼伤害。

第三节　市政绿化工程的施工与养护管理

为了更好地推进城市园林绿化建设，为市民打造良好的生态景观，越来越多的城市开始加入创建国家生态园林城市创建的大潮，加大市政绿化工程的施工与养护管理力度，顺应城市生态化发展的趋势，以此来营造良好的人文居住环境，提高城市发展竞争力。

一、市政绿化工程建设的意义

随着生态意识逐步深入人心，人类越来越关注自身的居住环境，明白了人与自然之间的和谐共存关系，逐步用生态学的思想来进行城市的规划与发展建设，并加大市政绿化工程施工与养护管理力度。

1.市政绿化工程是建设宜居城市的举措。建设市政绿化工程能够改善居住环境，为市民谋福利，受到市民的广泛欢迎。而且在市政绿化工程建设过程中，城市的环境在一步步的发生改变，城市的品位也在提升，使经济与环境之间实现了协调发展，在很大程度上提升了这个城市的综合实力和宜居性。

2.市政绿化工程是落实科学发展观的需要。社会经济的发展，城市化进程的加快，在新时期，城市生态的发展必然成为重要的议题之一，建设生态文明，实现可持续发展成为城市发展的客观需求，也是历史发展的必然。注重市政绿化工程建设，创建生态园林城市，让城市的生态环境得到进一步的优化，使人与自然协调发展，也是落实科学发展观的需求。

3.通过多个城市进行市政绿化工程建设的实践可以看出，这项活动的开展能够完善城市功能，让城市的环境水平大幅度提升。为经济发展提供了良好的投资环境，成为城市现代化建设与全面进步的重要举措和活的"名片"。

二、市政绿化工程的施工与养护管理存在的问题

1.管理模式方面

作为市政建设的重点项目之一，市政绿化建设最能够反映整个城市的质量。当前部分城市的绿化工程管理模式僵化，创新力度不高，在管理的时候受到行政体制的约束。出现这种现象的原因是两方面的：一个是因为市政绿化工程牵涉的部门比较多，包括城市规划部门、绿化主管部门、环保部门等，多重管理现象突出；还有一个原因是绿化建设过度看重的是短期的经济效益，忽视了长远利益，重视阶段管理忽视了长期规划和后期管护。

2.技术系数不高

就当前市政绿化工程建设而言，基本还停留在人工施工与养护阶段，没有应用先进的工程技术，在一定程度上影响了市政绿化建设成效。技术系数不高表现比较明显的就是绿地动态监测方面，很多市政绿地的养护作业没有及时跟进。

3.规划的科学性有待提高

要提高市政绿化工程施工与养护管理成效，科学、合理的规划、设计是关键。因为这项工程的工期比较长，涉及的面也比较广，尤其要注意市政规划的合理性。在很多城市建设规划中，特别是中小城市中，其市政规划没有经过反复的科学论证。比如，有的地方会盲目跟风选择一些不适合当地气候环境的乔木和植被进行栽培，导致植株的成活率不高，既浪费资金又影响城市建设。

除此之外，我国市政绿化工程建设存在的问题还有资金投入不到位、专业技术人员缺乏、养护不科学等现象。要认真研究市政绿化工程施工与养护问题，针对问题提出相应的解决策略，确保资金不浪费，让居民享受到城市绿化施工带来的成果。

三、市政绿化工程的施工与养护管理

著名的系统控制理论提出，管理分为3个阶段比较合理，分别是事前阶段、事中阶段以及事后阶段。从这个理论中又衍生出3个关键点，分别是前期控制、同期控制以及后期

控制。市政绿化工程施工与养护管理基本可以遵循这几个阶段性原则，本书主要是从前期控制与同期控制两个方面入手进行分析。

（一）市政绿化工程的施工与养护管理的前期工作

1. 强化制度建设

制度不规范是市政绿化工程施工与养护管理的突出问题之一。很多城市市政绿化建设存在个人主观意识倾向，部分城市的园林绿化管理模式跟城市经济发展水平之间存在不适应之处。针对这种状况，要提高市政绿化工程建设成效，就要不断强化绿化工程管理体制改革，注重制度建设。要充分借鉴那些创建成效比较好的城市，成立规格比较高的管理部门，发挥行业监管的作用。同时，规范和整改当前存在的多头管理的局面和现象，在规划、设计等环节实施统一化管理，制定严格的标准，让部门权威性真正的确立，以此来保护园林绿化的成果。此外，要遵循上级政府出台的关于市政绿化施工的政策法律和制度，在市政绿化工程施工之前对其科学性进行论证，修正其中不符合规定的规章条例，避免因为领导个人喜好而对市政绿化建设产生影响。

2. 加强科学性建设

在绿化建设中，具体的衡量标准与目标是其科学合理性。在推进市政绿化工程的施工与养护管理过程中，要用长远的眼光看待问题，制定目标，并分层次、分阶段的实施，避免出现反复调整的状况，减少人才物的浪费。运用专业的技术来分析这个地块是否适合建设绿地，会不会对局部面产生不利的影响，植被选择是否与当地气候相适应。首先，可以请让园林绿化领域的专家对市政绿化建设的科学性进行论证，确保树木的成长与绿地建设成效。其次，有条件的地方可以选择合适的时间召开市民听证会，听取市民的意见和建议，在保证绿化工程施工建设合理性的基础上满足提升居民意愿利益。总之，按照系统规划要求，有计划、分步骤的安排城市的绿化建设项目，促进城市绿化量的进一步增长，从而改善城市的生态环境。同时逐步加大市政园林绿化的监察与保护力度，使城市建设成果得以巩固。

（二）市政绿化工程的施工与养护管理的同期工作

1. 加强施工与养护管理的监督

在系统工程中，最为复杂和艰难的时期就是同期控制，这是由于环境的复杂性决定的。在市政绿化工程施工过程中，要强化中期的监督、控制与管理。首先，加强对施工人员的控制。要对施工人员进行专业的培训，强化其责任意识。其次，加大质量管理力度。在施工的时候要对施工车辆、植被花草等进行管理，确保施工车辆的性能与植被的质量，不能因为操作问题出现损失。再次，绿化施工设计人员在进行苗木的选择的时候，要根据所在地区的气候，甚至种植地小气候等特点，因地制宜，选择合适的树种，采购中还要选择那些质量比较高的苗木，这样才能更好地保证苗木的成活率，进而建设精品工程。

2. 创新绿化技术，建设精品工程

要综合当地市政园林绿化发展的趋势，迎合市民的物质文化生活需求，结合城市实际更新工作理念，进行设计与管理方面的创新，高标准的规划和设计，并提高绿化工程的施工质量，努力打造精品工程。在绿化苗木种植的时候，要把握好种植技术的运用，这是一门实践性比较强的学科，技术是否科学、合理直接影响到苗木的成活情况。主要是科学的应用农业化学分析技术，加上计算机信息技术，对绿化乔木进行分析。要对现有的不合时宜的绿地进行改造，丰富植物的种类，完善相关配套措施，比如，绿地灌溉系统以及照明系统等，把园林的生态环境效益得到最大化的发挥。

3. 注重日常养护管理

在生态学中，要对绿地中的乔灌花草藤的复层结构合理配置，让植物的种群之间能够相互配合、协调。能够在有限的土地资源空间中充分利用自然资源，实现生物的多样性，实现城市生态群落的生态效益最大化。在进行市政绿化养护方面，要积极引进竞争方面的机制，建设专业化的生态园林养护队伍，。制定相关考核制度，发挥其人才技术优势，进行精细化管理。安排专业人员及时除草清理，合理施肥，结合植物生长的特点和所需环境，制定适宜的浇水喷水计划。通过定期修理树枝，把那些被病虫害侵袭过的枝丫修剪掉，集中销毁，这些措施都能够降低虫源。还可以从苗木的生长环境来进行着手，为植物生长创造合适的空间，确保苗木的通风性与透光性，让苗木在生长期间有足够的营养，增强其抵御病虫害的能力。此外，在经济发达的城市可以运用计算机技术建立相应的数据库，动态监测植被的生长状况，评估其生长进度，通过数据库还能够自动控制喷水系统，分析出植被缺少什么、需要什么，进而提高绿化养护管理成效。

市政绿化工程建设功在当代，利在千秋。这项复杂的工程建设需要以合理分析城市的绿地系统结构为基础，提高绿地的空间利用效率，进而提高城市的绿化总量，因为布局合理的绿化系统能够最大化地发挥其生态效益。在新时期，要认真总结市政绿化工程施工与养护管理中存在的问题，强化制度建设与科学性建设，注重施工与养护管理的监督，创新绿化技术，建设精品工程，从而为创建生态宜居城市做出积极的贡献。

第九章　市政公共交通设施

第一节　城市公共交通设施布局与利用效率的研究基础

一、研究对象的定义及分类

（一）城市公共交通设施的定义

目前，国内学术界在对城市公共交通设施的界定上并不统一。杨立波认为交通设施是为物质生产和人民生活提供便利条件的物质载体和公共设施，是一个复杂而开放的系统，能够保证整个社会的正常运行。张言彩指出公共交通设施是包括公路、铁路、高架桥、地下通道、机场等在内的为社会产品和居民提供运输服务的公共设施。从道路资源的角度来看，城市公共交通设施是城市区域范围内所拥有的，需要有政府先行供给的公共资源，对社会经济效益起着重要的基础作用。而集聚经济学认为，城市交通设施是一种能使城市区域范围内各种生产要素相互接近的可共享的公共资源，正是这种共享性产生的外部性，降低了该区域内居民和企业的生活和生产成本。

本节是从城市公共交通设施布局的角度进行研究的，因此需要从整体把握公共交通设施的定义，因此，城市公共交通设施是城市生产和生活的主要动脉，组织着城市布局结构，是城市基本空间环境的主要构成要素，对城市空间序列的流畅性、美观性和节奏感产生重大影响，主要包括道路基础设施、交通安全设施、交通服务设施、交通管理设施以及其他交通设施。

（二）城市公共交通设施的分类

关于城市公共交通设施的分类，根据不同研究目的也有多种分类方法，如按交通运输工具分为公共汽车交通设施和城市轨道交通设施，按交通设施和服务空间分为城市内部交通设施和对外交通设施等，在此不一一阐明。由于本书仅研究城市内部公共交通设施，为使整个公共交通设施系统尽量完整，按其功能分类如下：

道路基础设施：包括道路网络系统、城市公共停车设施、公共交通站点（首末站、枢纽站、中间停靠站）。其中需要说明的是城市公共停车设施是城市道路基础设施的组成部分之一，属静态交通设施，其用地计入城市道路用地总面积之中，但出租车和货运交通场站设施、各类公共建筑的配套停车场用地面积不含在内。交通安全设施：包括行人和车辆安全装置。前者包括人行过街地道、人行高架桥、平交口护栏与行人通行护栏、人行横道。车辆安全设施包括交通岛、视线诱导设施、分割带以及防眩设施等。

交通服务设施：供交通工具停放的空间如公交车停车场、自行车停车区等。城市加油站。

交通管理设施：是指为减少交通事故、提高行车速度和城市道路的通行能力，由交通管理部门统一设置并要求驾驶人和行人共同遵守的交通标志、交通指挥信号灯以及路面标志。

其他交通设施：是指除了城市公共停车场地和车辆加油站之外的其他服务设施，包括电话亭、报亭、公共厕所、邮箱、自动取款机、站点候车棚、路灯，以及针对特殊群体的无障碍通道、残疾人轮椅坡道、盲文指示牌等。

二、公共交通设施布局与利用效率的相关理论

（一）公共产品理论

作为西方经济学的重要理论，公共产品理论最早由学者在其政治理论、哲学论著中提到，早在17世纪中叶，英国学者霍布斯在其著作中就已提出"社会契约论"和"利益赋税论"，成为公共产品理论的重要思想源头。之后，威廉·配第在《赋税论》中集中讨论了公共经费问题和公共支出问题。1776年，亚当·斯密在《国富论》中从经济学角度谈到君主应执行的职责和功能，其中便有建立和维护某些公共机关和公共工程，进而提出了国家存在的必要性，更可贵的是他明确地将公共支出和市场关系联系起来。约翰·穆勒也在其著作分析了市场失灵的原因，实际上就是后来公共产品理论明确提出的"囚徒困境"和"搭便车"问题，这些研究成为公共产品理论的基础。公共产品理论的快速发展则是在二十世纪中叶萨缪尔森《公共支出纯理论》发表之后，他对公共产品概念进行了新的定义，建立了一个关于资源如何最有效的分配在公众产品和私人物品中以及如何在最大程度上实现社会福利的模型。同一时期，蒂布考察了区域性公共物品与住宅区域选择之间的联系，能够有效指导地方政府的投资项目。

由公共产品理论的发展进程可知，公共产品理论起初是依附于政治学而产生的，但这一理论侧重于对效率问题的分析，而对社会公平问题的研究始终进展不大，这就决定了这一理论最终还将向政治方向靠拢。

公共性是公共产品的本质属性，具体表现在产品具有公平的供应结构，公开的供应过程和公正的供应取向。城市公共交通设施作为在消费上有竞争性但无法有效排他的公共资源类产品，具备了准公共产品的特征。这意味着城市公共交通设施不具有绝对的非竞争性。在交通总量低于拥挤点时，公共交通设施是非竞争性的，而交通总量超过拥挤点时，对公

共交通设施的消费则变为有竞争性的。公共交通设施对国民经济的发展起着至关重要的作用，在国家安全体系中占有特殊地位，这是由这种准公共物品的正外部性决定的，因此其建设、布局不能等同于一般的市场经济活动，不能完全甚至不能以市场为导向，而需要政府在保证社会资金营利性的基础上对其保有一定程度的控制权，因此公共交通设施的布局需要政府利用宏观调控手段来预测和从整体上进行规划，否则就会出现设施的重复建设或者设施的缺失，造成社会资源的浪费或者给居民的出行带来不便。

（二）精明增长理论

"精明增长"这一术语是在 20 世纪 90 年代中期出现的。它首先源于二战后"城市蔓延"所造成的一系列社会和经济后果：无节制的土地消耗、市政基础设施投入的增加、车公里数的居高不下及土地使用和运输政策之间的分离等。基于这些后果，"精明增长"理论作为一种新的城市发展战略逐渐被社会各界所认可。它的初衷是通提高现有城公共基础设施的利用效率，建设紧凑型的城市形态，为居民提供居住地的多重选择和实行多样化交通来努力控制城市蔓延。例如 Federico Olva 等于 2002 年提出最具可持续性的是紧凑型城市形态，D.Gregg Doyle 认为紧凑发展的目标是要达到自然资源（包括土地）和基础设施（包括公共交通设施）的有效利用。精明增长理念的核心是：用足城市存量空间，减少盲目扩张；加强对现有社区的重建，重新开发废弃、污染工业用地，以节约基础设施和公共服务成本，保护空地；土地混合使用，城市建设相对集中，密集组团，生活和就业单元尽量拉近距离；减少基础设施、房屋建设和使用成本。

由此看来，在我国当前城市土地保有量受到限制以致城市空间向外延扩张受阻的情况下，精明增长理论通过重新组合土地使用功能以提高土地使用效率，保护自然环境、人文景观，空地，改变现有交通模式，强化城市社区改造等方式来解决城市空间扩张中出现的社会、资源和生态等问题，能够成为城市可持续发展的新型理论工具。城市公共设施布局的合理性和有效性在很大程度上取决于城市土地的集约利用，由于城市本身集社会、自然、地理、人文等诸多学科于一身，因此精明增长理论研究的内容也偏重于综合学科的融合。

就我国城市发展的特点来看，其传统发展模式除了表现为粗放型、扩展外延型为主的"摊大饼"式发展外，更重要的是突出体现了以拓展道路交通设施为先导的特点，这主要是受"想致富，先修路"思想的影响，在我国城市发展中，缺乏明确有效的规划部署干预，进而增加道路基础设施的供给量就成了引导城市空间发展的首选之策。然而针对我国人多地少、土地后备资源不足的情况下，城市道路基础设施的合理布局和有效利用将直接关系到城市空间的发展，进而关系到城市的兴衰和区域的发展。一方面，在缺乏公共交通合理规划的前提下，道路基础设施的扩张必然带来道路两侧的土地利用，导致周边地区的进一步开发，从而形成循环，最终导致开敞的空间和自然环境被城市用地所填满。另一方面，在我国掀起城市基础设施建设大潮的同时，以道路网建设为标志的交通设施建设的合理性问题日益凸显，表现为在缺乏科学指导的情况下过分追求宽而大的道路，以致造成对行人和非机动车交通空间的漠视和蚕食，这些都与精明增长理念背道而驰。

基于精明增长理念，需要对传统的交通设施布局尤其是道路网络布局规划方法加以改进，提高道路网建设的合理性，处理好城市交通的衔接问题，并建立一整套评价流程，以实现城市精明增长的目标，从而使城市空间拓展走上良性循环，最大限度的减少对自然资源、和人文景观的破坏，减少对时间和资金的浪费。同时应注意在实施精明增长措施时，必须密切联系处于不同交通网络发展进程中的城市，根据当地实际发展情况和未来发展方向，结合当地的政策、经验和技术，使城市公共设施布局成为整个城市规划的一部分，以此来制定不同的布局方案，确保制定的公共交通布局规划是最为符合当地实际情况的选择。

（三）可持续发展理论

可持续发展是改革开放之初出现的概念。改革开放以来，随着社会经济快速发展和城市化进程的不断加快，人们对交通的需求也随之剧增，为了满足这一需求，城市相关部门在城市交通系统的规划、建设上注入了大量的资金，我国道路交通网络规模急剧增加，相应的交通配套设施也初具规模，但由于缺乏科学的理论指导，道路交通网络的建设同时也对周边环境与居民的生活带来不利影响，城市的"行车难"现象普遍、对不可再生资源消耗加剧。在这种情况下提出该理论正是对这种严重制约经济和社会发展的传统发展模式的反思，是环境和资源问题危及人类社会发展，成为社会发展瓶颈时的反省。这一概念一经出现，便在国际社会中得到普遍认同。可持续发展是指既能满足现代人的需求，又不损害后代人满足其需求的能力，它要求经济、社会、资源、环境协调发展，既要达到发展的目的又要保护好人类赖以生存的大气、淡水、海洋、土地等自然资源和环境，使我们的后代能安居乐业和永续发展。

可持续发展的内涵包含四个方面：发展原则、协调性原则、质量原则和公平性原则，其核心是发展，但这种发展必须要在控制人口数量、提高人口素质、保护环境和资源的前提下进行。基于可持续发展理论，我国在促进城市交通系统建设的同时，要充分考虑到城市的生态环境，提高公共交通设施的利用率，避免对资源造成浪费，建立以满足资源优化利用、改善交通质量为目标，以资源消耗、环境容量和交通承载量为指标体系，符合可持续发展理念的城市公共交通规划和布局理论。为此，在城市公共交通设施布局规划中应从以下四个方面进行调整：

1. 观念的调整，要建立能够支撑可持续发展的公共交通设施体系，在交通设施硬件上注重新技术的应用，在设计观念上要加入新元素，在设施建设目标上要统筹考虑。

2. 结构的调整。在可持续发展观念指导下建立的交通系统应是一个包括"政府调控行为、科学技术能力建设和社会公众参与"的复杂系统工程。

3. 科学研究结构的调整。因为要对社会经济的可持续发展提供基础支撑条件，要求的变化需要关注范围相应扩大，所以，交通规划应由基本依靠经验的定性分析阶段到调查研究为基础的定量分析阶段，再向定性和定量相结合的新阶段迈进。

4.对自然环境的态度调整，注重基础设施建设和环境保护相结合。总之，在研究城市公共交通设施布局时，应以城市交通系统的可持续发展为原则，根据科学的交通需求预测方法，研究城市道路网、停车场、道路交叉口等具体交通网络的布局规划方法，在推进我国城市公共交通设施完善的进程中要求将增加道路基础设施规模、提高现有公共交通设施的利用效率与降低资源消耗、节省城市建设用地结合起来。

第二节　公共交通设施在城市系统中的功能及其影响因素

一、公共交通设施在城市系统中的功能定位

城市公共交通设施系统是由道路基础设施、交通安全设施等组成的网络体系，承载了多种功能。对这些功能的把握有助于确定城市路网设计和设施布局的目的和规划原则。公共交通设施的基本功能可划分为四类：第一类是交通设施的本体功能，即交通运输功能，是为各类交通主体的活动提供便利和空间载体；第二类是交通设施的派生功能，是为地下管线提供埋设空间，为居民提供视觉观赏路线等；第三类是作为城市空间形态的支撑，为各类需求空间提供依托，引导城市空间的发展；第四类是美学功能，主要体现在交通设施反映的城市风貌、和历史文化方面。

（一）公共交通设施的交通运输功能

公共交通设施的交通运输功能是复杂的、多样的、具体的和动态的，要搞好公共交通设施布局规划和设计，弄清楚这一功能的内部联系是前提。首先，要了解交通行为，不同的交通行为需要不同的设施布局。交通行为基本包括两大部分，即行和停，行又分为三种功能：迅速通行对应于"通"的功能，进出城市某区域对应于"达"的功能，寻找目的地对应于"寻"的功能，这三种功能对速度的要求不同，处理不当就会影响公共交通设施的利用效率。其次，要了解交通设施的服务对象，即交通主体，包括车和人两类。其中车又包括机动车和非机动车等，人也分为多种，如男、女、老、幼或者健全、残疾等，不同的交通主体对交通设施布局的要求也不尽相同，甚至还存在相互矛盾，因此在规划路网建设、设施设计时应尽量使之各得其所，减少彼此间的矛盾冲突。然后，要了解交通设施要承担的交通需求，掌握每日的早高峰、晚高峰，每年的节日、旅游旺季，临时性的需求变化如重大赛事等；设施的功能也可能发生变化，生活性道路或者商业街有可能转变为交通性道路。这就要求规划设计人员将这种动态性考虑在内。

（二）公共交通设施的美学功能

城市公共交通设施不单纯具有交通运输功能，而且在自然环境和社会环境中有其一定

的文化价值，在一定程度上展现了城市的风貌和历史文化。首先，交通设施尤其是城市的道路网既是一个城市的骨架，又是城市景观的组成部分，因此，在规划时既要对设施本身进行美观，同时也要考虑到其与周边环境的协调搭配。对道路景观的评价既要有静态视觉又要有动态感受，因此，城市公共交通设施应在满足交通功能的前提下与城市的自然环境（山体、水面、绿地等）、人文景观（传统街巷、特色建筑等）有机结合在一起，组成和谐而富有韵律，赏心悦目的城市景观。

其次，应重视道路绿化的美学功能。道路绿化是指路侧带、中间及两侧分割带、立体交叉、广场、停车场以及道路用地范围以内的边角空地处的绿化，具有遮阴、防尘、装饰、视线诱导等功能，是城市道路的组成部分，应根据城市性质、自然景观和环境等与城市道路景观有机结合，进行合理规划，发挥它在景观方面的特殊功能。

最后，在布设照明设施时，应做到美观、合理，因为城市道路和交叉口的人工照明是确保交通效率和美化城市景观的重要措施，昼间照明设施是街头的装饰品，而夜间则是道路空间环境中的重要景观，使道路产生灯火辉煌的夜景。因此，既要从交通功能的角度来布设照明装置的位置，也要从美学角度来选择灯具、杆柱和底座等的样式，做到使照明设施既有实用性，也有美观性。

（三）公共交通设施的依托和引导功能

城市公共交通设施的依托功能主要体现在城市公共交通设施是指城市道路作为城市的骨架、建筑和活动场所的依托功能。具体来说，人的活动主要依赖交通运输，离开城市交通人的活动目的地（各类建筑和活动场所）可能完全失去可达性，同样，离开这些目的地，城市交通设施也就失去了服务对象，失去其存在的意义。这种相互依赖的关系赋予城市公共设施具有依托功能。不仅如此，有些道路设施本身还成为商贸活动场所，交通功能则成为次属功能，如某些集市和商业街。在早期，城市的街道还作为居民的主要活动场所，人们在那里聊天、买卖，车辆的发明与运用改变了这一传统。但现代城市步行化空间的出现是人们对这种活动空间回归渴望的一种表达，因此，在路网的规划中，合理考虑活动空间是提供交通空间需要兼顾的问题。

正是上述依托关系使城市交通设施具有了引导城市空间发展的功能，从宏观层面来看，城市路网对城市交通走廊具有引导作用，而城市内外高效的运输系统很大程度上来源于这些交通走廊，因此，城市路网与城市的基本关系就由这些城市路网与城市活动体系的基本关系所决定，基于这种引导和促进作用，城市路网的合理规划成为必然要求。从微观层面来看，一个城市的交通组织模式和交通方式与道路两侧的用地模式和微观布局密切相关，路面承载的客流特征又是用地微观布局的体现。因此，城市合理的微观布局结构的发展需要合理的交通设施布局来引导。由上述可知，城市宏观方面的布局结构和微观方面的用地布局势必会受到路网规划和建设的影响，城市空间格局演变的主要原因之一就是交通方式的变革和交通网络布局的建设，因此，在路网规划和建设中要有大局和超前意识。合理引导城市空间发展不能只依赖城市用地的开发，实现城市交通和城市用地的相互协调发展，是城市交通设施规划布局中深层次的考虑内容。

除了上述功能，城市交通设施还有一些其他功能，比如在城市遇到突然灾害时，城市道路是防灾和救援的主要通道，对防灾、救援起到非常重要的作用，因此在路网规划时应考虑这些因素，比如若将城市主要管线埋设在城市快速路和主干路下面，在灾害过后若需要抢修，势必会阻断交通，对救援工作造成不利影响。对于地震设防城市，则需要结合具体情况考虑道路的宽度与两侧建筑高度的关系，防止建筑坍塌后将其全部阻塞。

二、影响城市公共交通设施布局的因素

城市的特征包括该城市的人口规模、经济发展程度、自然环境等多方面因素，城市的交通设施布局与这些特征息息相关，因此，要合理科学的规划布局城市公共设施，首先要考虑的便是其与城市特征之间的相关关系。

（一）城市的人口规模

城市的人口规模对城市交通的影响主要体现在以下几个方面：

1.一个城市的居民出行总量在很大程度上取决于该城市的人口规模，人口规模大，城市居民的出行总量也大，反之亦然。

2.城市的人口规模影响着城市居民的出行次数，总体来说，在同一时期，人口规模大的城市，居民的出行成本比较高，出行次数相应比较少；人口规模小的城市，居民出行成本低，出行次数较多。

3.城市的人口规模影响居民的出行时耗，以上海为例，20世纪末，上海常住人口为710万，居民出行一次平均耗时25.1分钟；到21世纪初，其常住人口增加到1710万人时，居民出行一次平均耗时增长到29.8分钟。

4.城市人口规模影响城市居民的出行距离。

显而易见，一个城市的公共交通设施分布与该城市的人口总量之间关系密切，当城市人口规模达到一定程度时，在规模经济的作用下，城市将会增加一定量的公共交通设施，从而更多的居民将会被吸引过来；但是公共交通设施和人口规模不是线性关系，交通便利的城市将会吸引更多的人迁入，最终又将造成人口过度集中，而大量的人口将使该区域交通需求剧增，导致交通供不应求，带来诸多交通问题；因此，人口规模较大的城市，合理、高效的疏导中心城区的人口，优化公共交通设施布局对美化城市环境、缓解城市交通压力具有重要的现实意义。

（二）城市的用地布局

城市空间结构的拓展是城市交通和土地利用相互作用的结果。土地为城市的社会经济活动提供场所，性质不同的土地分布在城市的不同区域，正是这种分离产生了交通流，人

流和物流往来于各种性质的土地之间形成复杂的道路交通网络。城市交通与土地利用在宏观上存在"源"和"流"的互动关系，"源"与"流"互为影响因素：一方面，土地利用是城市交通的源头，不同的用地布局影响城市居民的出行规模和出行方式；另一方面，城市各区域基础设施建设决定了土地的利用形式，这种利用形式因为交通设施的完善而改变。

在整个城市的演变进程中，城市用地、城市交通一体化之间相互作用，相互制约。若要使城市呈现良好发展态势，就要促使两者之间协调发展。土地利用模式决定城市交通模式，具体来说，低密度分散模式的特点是不同性质的用地布局分散，土地利用密度低，该模式下的城市通常具有多个中心城区，居住、上学、购物等区域各自分离，用地分散，导致城市边缘向郊区蔓延，浪费现有的土地资源，土地利用率低。在这种模式下，单位土地面积产生的交通需求很小且分布不均，因此不适宜建设公共交通组织模式，而比较适宜运输量较小且快捷灵活的私人交通方式。高密度集中模式的特点是土地利用效率高，土地利用性质多样化合全面化，城市布局集聚，该类型土地利用模式下的城市通常只有一个有吸引力的市中心区域，土地利用布局比较合理，除了为数不多的几个购物广场、工厂区域和高档住宅区外，土地利用呈现了多样性的特征。这种土地利用模式有效地抑制了城市的无限蔓延，可以充分利用现有土地资源，缩短居民出行时耗。高密度集中模式下的城市土地利用布局相对比较合理，土地的集约化程度也较高，与此相适应的交通发展模式必然的具有大量运载能力的公共交通运输模式，因为在高密度集中模式下，交通出行者会被吸引到同一目的地。

总之，不同性质的用地构成整个城市的用地结构，不同的城市用地布局又对交通需求产生影响，合理的规划土地利用性质、利用强度和利用布局，提高城市区域用地的综合程度，是减轻城市道路交通负荷，控制交通需求的有效手段之一。

（三）城市的空间形态

城市道路交通设施对城市布局的依托功能，使城市布局与形状成为影响交通设施布局的重要因素。团块状的城市布局往往出现在平原地区，其城市道路网络也多表现为方格网，如石家庄，或者方格网＋环形＋放射形，如北京。当然，也有个别城市如洛阳，由于地形、水文等原因，其道路网络布局也表现为带状布局。正是由于在城市确定其发展方向时，平坦、地质好的用地往往成为首选，而且这些用地也比较适合修建道路交通设施，所以这种现象并不是偶然的。这样，道路交通设施的规划布局和城市的布局形态就形成一种耦合。一般而言，城市用地布局、形态应与道路交通设施的布局、形状相吻合，城市道路交通设施的布局并不能一味地迎合城市布局形态的发展，否则道路交通就难以对城市空间走向的扩展起到良性作用。不同的城市形态对城市交通设施布局的影响可以分为以下几种情况：

1. 就平原地区而言，城市向周围扩展较为容易，城市用地布局的形状常成为团块状，由于期间环路的建设，放射形道路将城市布局变为星状。随着城市空间的不断扩大，环路的数量也逐渐增多。老城区的大小决定内环路的设置，一般可在老城废弃城垣上，事先建好停车库或布设好地下管线。如果老城区占地面积较大，则在其中心商务区的外面还要另辟内环，这样能使人流和车辆在不需穿行中心商务区的情况下便能有效的抵达中心商务区的外围，有利于减少中心城区的停车量和交通量，这样便能留出步行空间使人们在中心区有限的可用地从事各种活动。值得注意的是，尤其是在方格道路网络中，中心城区外的道路不一定是环路，只要能满足交通集散的要求，可以是几条道路切过中心城区附近。城市的外环一般将城市对外的货运站场、工厂、港口、批发市场和仓库联系在一起，伴随城市区域的扩展而演变的。

2. 在某些受水文和地形影响的城市，其空间向周围扩展时，往往沿着地形向外呈现出风扇式发展。受这种空间布局的影响，其在道路交通设施规划时应设置切线，以防止风扇叶片间的交通联系频繁穿越中心城区，增加中心城区的交通压力。另外，风扇叶片之间可以进行道路绿化，以改善城市环境。

3. 某些组团城市，由于各组团的面积不大且相对独立，组团间的交通需求较少，交通问题相应比较简单，在这种城市布局中设置道路交通设施主要应考虑各组团之间的联系通络，使之合理组织和承担各类交通，防止组团间的交通和市际交通产生干扰。组团城市形态中也有中心组团，中心组团往往承担市级综合服务职能，成为交通的重心，在对中心组团的道路交通设施进行规划布局时应留有余地。

4. 在带形城市形态中，过境公路一般就是城市的主干路，沿路往往会开设大量零售网点或者批发市场，吸引大量人流进行交易，同时也会使车辆来往装卸货物，使干路可通行的车道变得拥堵，降低行车速度和效率。在这种城市形态中布局道路交通设施时，应着重加强道路交通管理措施，保护好道的交通运输功能，确以保城市道路的安全通畅。

（四）城市的经济发展

经济发展程度对一个城市的道路交通设施规划的影响是显而易见的，城市的道路交通设施规划既是城市总体规划的专项规划，同时也是城市交通规划中的专项规划，其硬件和软件设施的建设和设计需要城市的经济实力作为后盾。同时，随着城市经济技术的快速发展，城市市场的日渐繁荣，城市的交通需求量将不断增大，这也对城市道路交通设施和道路网络的规划和建设提出了更高的要求。如果一个城市的交通问题突出，交通拥堵严重，交通安全没有保障，势必会阻碍城市化进程，成为城市经济发展的瓶颈。城市的经济发展和交通规划建设若想在良性循环下相辅相成的发展，需要大力发展经济，以强大的经济实力作为后盾，辅之以先进的交通基础设施和观念，交通管理政策。城市道路交通设施规划和建设与社会经济系统呈现相互依存、相互促进、协调发展的动态发展态势，为实现社会经济的持续高效发展、人们生活质量的提升共同发挥作用；从供需角度来看，城市交通系统和经济系统互为供需双方，互为主导，都是以满足居民需求变化、推动经济发展为目标的，经济发展的加快，经济结构的转变，人均收入水平的提高都会导致城市交通规划及建设的规模、结构等发生变化。

著名的门槛理论也认为，当社会经济发展到一定程度时，城市规模的继续增长往往会遇到一些限制因素，比如交通、电力等基础设施的承载量与能力，这些因素对城市经济发展和人们的生活质量产生重要影响。这些限制因素规定着城市规模增长的阶段性极限，这种阶段性极限便是城市发展的门槛。而通常的渐进增长型投资是无法解决这种限制的，因此要想跨过这些门槛，需要在这些基础设施上出现跳跃性的突增。值得提出的是，这种门槛的出现是动态甚至多级的，因为在城市集聚与扩展过程中，刚刚跨过一道门槛，基础设施出现突增时，城市的基础设施建设又相应下降，当城市规模再次达到城市基础设施的容纳极限时，新的门槛又会出现。基于这种理论，在基础设施的规划和建设中，必须从长远和大局出发，使城市基础设施建设，尤其是道路交通设施建设与经济的发展相匹配。

（五）城市的自然环境

自然环境对交通设施布局的影响一般是通过城市空间布局实现的，影响城市空间布局的自然条件主要有河流、河岸线、地质条件、地下矿藏等。比如在山区或矿藏区的城市多呈分散状态，而滨河、滨海城市则呈条带状布局，这些不同城市布局和形态又影响了城市的交通流和城市公共交通设施的布局和设置。不仅如此，有些城市的道路走向和布局标准受自然环境的影响，完全依照该地区的河流走向和自然地形进行规划和建设，并进一步演变成城市的交通走廊。具体来讲：

受水文条件影响的城市空间在进行扩展过程中，道路与河流的关系是城市交通设施布局的规划和建设中须首要考虑的问题。其中，首先要考虑的是河流的走向和航道净空、原桥的高度、桥头与旧城道路的衔接及河流两侧用地性质等问题；其次要注意在填河筑路时应考虑城市道路的排水系统的设置，为使道路畅通，在道路标高上应遵循科学规划的原则。河网地区道路基础设施的设置应符合下列规定：为便于交通衔接，城市道路应与城市的客货流码头和城市渡口统一规划，应注意码头的航船停泊和岸上的农贸集市交易不得妨碍到城市主干道的交通通畅。在设置道路方向时应与河道的方向垂直或者平行；城市桥梁上车行道和人行道的宽度设置应依照道路的车行道和人行道。

山区由于受江河、丘谷、冲沟的分割，地形比较复杂多样，地势高低不平，城市形态常常呈组团或成块状态。在山区城市建设交通设施的难度较大，地形的特点对道路的线性走向其重要作用，道路坡度较陡，需要多出架设桥梁。为了使城市区域内交通便捷和城市对外交通通畅，在设置城市主干路时需要严格按照技术标准；相对而言，各个组团或块状城市内部的道路交通设施则可以自成系统，使道路交通功能和其他功能达到完美统一。山区城市道路基础设施的设置应符合下列规定：首先应考虑道路网的防洪和护坡措施，道路网设置时应平行于等高线。主干路和双向交通的设置应按照标准设置在不同标高上，而且宜设置在谷底或者坡面上。地势特别高的地区在设置道路系统时，应将车流和人流分开，使车行系统和人行系统各自独立，以保证交通的安全便捷、合理有序。当地势特别陡峭，道路设置难度较大时，可以考虑开通地下隧道以便于主干道之间的联系。

第三节 城市公共交通设施布局与利用效率的状况

一、公共交通设施布局的评价指标

科学合理的评价指标能够为决策者提供不同行动方案的实施条件及反映不同主体的得失，在选取指标时应遵循科学客观性、整体完备性、独立性和统一性等原则。

1. 交通功能指标：城市公共交通设施基本功能的表征，反映城市公共交通设施满足居民出行安全、高效、舒适、便捷等需求的程度，以及交通系统运行质量的水平。

2. 资源利用指标：反映城市公共交通设施对空间资源消耗、能源消耗和资金的消耗程度。

3. 环境保护指标：反映城市交通设施与城市自然环境和人文景观的协调程度。主要指城市交通设施构成材料的环保性以及对交通所产生的污染物的削减程度。

4. 经济适应性指标：反映城市交通设施建设费用、养护成本和营运费用与其满足交通需求（完成的客运和货运周转量）的比例以及交通出行费用和交通安全程度。

二、城市公共交通设施布局与利用效率现状

（一）公共交通设施功能定位不清

城市公共交通设施的功能具有多样性和层次性，以城市道路为例，它的基本功能是交通运输，是为便于客运、货运而建，但除此之外，还担负着采光、布设公共管道等派生功能，甚至在某些场合它的基本功能已经相当弱化，成了人们休闲生活场所。单就交通功能方面来说，还可细分为市域交通与过境交通、行人交通与车流交通、客运交通与货运交通等，这些不同的交通流拥有各自不同特殊的运营规律。由于道路设施的这些功能有时具有矛盾性，因此，在规划时需要协调这些矛盾，按道路功能对其分类，而目前的城市道路建设中往往忽视了这些功能之间的矛盾，导致随意停车现象屡见不鲜，临时停车普遍，特别是在交叉口地段，由于动静态交通相互争夺空间，使交通拥堵加剧，降低了道路资源的利用效率；过境道路穿越市区，为居民出行带来不便和安全隐患，之所以会产生上述现象，究其原因是没有按不同交通流的特殊运营规律划分交通设施的功能。

在城市交通设施规划的过程中，既要保证交通设施布局的密度，又要保证交通设施的通畅可达性，防止因其功能的杂乱无章而导致的交通效率低下，影响城市的美观性，违背交通设施建设的初衷，达不到安全、舒适、高效、便捷的现代化交通出行要求。由此看来，在规划时一方面应考虑将道路设施分为交通性道路和生活性道路；按其服务区域分为街坊

性道路、市域内道路、全市性和过境道路；正确处理影响交通的交叉口渠化和信号灯的配置；横断面按城市布局形态因地制宜；处理好人行交通和车行交通等；另一方面，应注意唤起人们在正确地方泊车的意识，防止任意停车现象发生，建设和管理好配套服务设施，要达到这一要求，最根本的办法是加快城市交通设施系统本身建设步伐，城市交通运营才能高效率地运转。综上所述，按客货流性质不同、不同交通工具和行人对交通速度的要求相异，交通工具的性能差别等，将交通设施按其功能区分，对城市交通组织提出人、车各行其道的原则，是符合客观实际的做法。

（二）公共交通设施布局不平衡

城市化的迅速发展对相应的配套公共交通设施提出了新的要求和挑战，然而目前，由于旧城区的发展历史较长，城市功能相对成熟，公共交通设施的配套比较完善，密度一般较大，服务能力与新城区相比比较强，当然旧城区的公共交通设施规划也因此存在诸多弊端，如部分交通设施的设置与建设重复率高，公交站点的间距设置过小，同一交通走廊集合了数条服务水平相近、功能相当的公交线路且功能混杂，更新建设落后，部分位于旧城区内的公共交通设施由于建设年代久远并且缺乏合理的管理与修缮，出现了空间环境差，服务档次低等问题，公共交通设施覆盖不均衡等。而在城市边缘地区的小区、街道却没有一条线路，道路和公交站点公共厕所，公共电话亭等设施缺失，尤其是在阴雨天气，由于公交站点没有设置供居民避雨的候车棚，为居民出行带来很多不便利因素。在我国，城市新区普遍存在的现象便是相对于城市旧城区而言公共交通设施配套建设不足，新城区公共交通设施配套建设成为城市建设较为薄弱的环节，虽然部分新建的城区提供了交通运输所必需的城市道路基础设施，但是为交通出行提供更为高级服务的公共交通设施缺乏。以天津市停车场为例，目前天津市中心有 51.9 万辆机动车，24.7 万个合法停车位，而依据国际标准，合理的停车泊位数应是机动车保有量的 1.2～1.5 倍，以此计算，天津市的停车位应为 56 万个，缺口高达 31 万个。

上述旧城区和新城区公共交通设施分布不均衡问题都亟须改进，但是由于旧城区在用地布局方面已大致成型，加上其他条件对其限制，使得部分交通设施未来难以拓展。而城市新区的人口规模尚未定型和城市整体发展规划缺乏，导致在公共交通设施建设方面也存在诸多困难。

（三）公共交通设施资源浪费严重

公共交通设施的不合理设置将对社会和自然资源造成极大的浪费，违背可持续发展原则，对构建人与自然和谐的宜居城市带来不利影响。

1.财政资源浪费。毋庸置疑，公共交通设施的过度设置导致交通设施的投入成本较高，会增加财政支出的负担，不合理的设施设置是对财政支出的浪费，为管理和维护这些设施，相关部门需要增加支出。交通主管部门为更好地对这些交通设施进行管理需要投入更多的人力资源，而这些岗位的增设，使得行政管理机构臃肿，进而加大行政机关的财政支出。

2. 社会资源消耗。很多交通事故的发生是由交通设施布局不合理引起的，交通事故会破坏交通工具和所载物品等资源，损害到个人或者社会的财产；假如其中涉及人员伤亡，则使社会劳动力资源遭到损失。同时有可能对道路及其他公共设施造成损坏，需要投入各类经济资源通过各类措施去弥补。而相关社会公共部门需要投入大量的人力、物力和财力处理交通事故，这些不必要的社会资源消耗，就会对社会资源造成浪费。

3. 空间资源浪费。空间条件是公共交通设施配置的前提条件，不合理的公共交通设施配置会压缩城市空间，增加空间负担，挤占城市其他方面的用地，降低城市用地效率，以城市交通信号灯为例，由于箭头信号灯对道路空间占用较多，如果不根据道路的实际使用情况，随意安置箭头信号灯，不仅会降低人和车辆的通行效率，还会对道路空间造成浪费。再比如，由于我国选择了交通容量优先的设计理念，和西方国家很多城市一样，我国城市也陷入了"路越宽，车越堵"的尴尬窘境，例如单行道的设置可以使道路容量大大增加，但是应视具体情况决定是否需要设置单行道，在道路较窄时，可以考虑设置单行道，如果道路宽度能够达到四车道以上时，则没有必要实施单行道，否则对空间资源来说实在是一种浪费；交叉口的设置也存在浪费问题，出于对人和车辆安全的考虑，有些交叉口会设计为环形交叉口或错位交叉口，但受这两种形状的交叉口的空间组织形式的影响，交通流在通过时将受到很大制约，而且这种交叉口占地面积较大，使车辆绕道行驶的路程增加，不利于车辆左转弯行驶，实际情况是，在交通流量较小的情况下，平面交叉口完全能满足人车的通行要求，而没有必要设置环形或错位交叉口。

4. 能源资源浪费。众所周知，若要减少车辆耗油量，车辆要尽可能保持匀速行驶，减少停车、起步的频率，不要过于频繁地加速或减速。然而不合理的交通设施布局，如公交站点密度过大，交通信号灯设置间距较小等，会大大降低客车、货车行驶的通畅程度，减少车辆的有效通行时间，使车辆在路面上停留时间增加，在这些时候，车辆往往处于等待状态或待动、加速、减速状态，这就使车辆耗油量大大增加，对能源的节约造成不利影响。

（四）公共交通设施建设缺乏可塑性

由于在城市规划中，交通发展战略和规划体系不够科学完善，导致后期维护和管理工作顾此失彼、前后失调，投资收益率低。我国城市公共交通发展缓慢，据统计，我国城市公交出行的比例比欧洲、日本等国的大城市低 1 ～ 2 倍，这主要是因为公共交通设施设置不合理造成的等车时间较长、站点不充足、到站不准时等问题的存在。城市中现有的交通管理水平不能满足公共交通的需求，城市交通信号控制系统对交通控制和交通疏导的作用得不到充分合理的发挥，加之早期在城市规划中对道路交通规划和道路容量整体考虑的缺乏，道路系统与各种地下管网系统缺乏衔接规划，一体化程度差。各中心规划综合性功能弱，城市功能发展单一，工作、居住、生活各居一端，导致现有的公共交通设施设置缺位现象严重，从而不能满足公共交通需求，公共交通设施建设可塑性不足。总之，城市交通设施布局是一项系统建设项目，既要权衡城市交通供给和需求之间的关系，还要考虑时间、空间资源和资金的可接受程度，是一项决策性很强的工作，需要适度超前的规划来引导设施建设。

三、产生公共交通设施布局诸多问题的原因

（一）公共交通设施规划体系不完善

1. 政府对基础设施建设重视不足。以往，我国只注重生产上的建设，而轻视城市规划，对基础设施投资不足，造成了城市公共交通设施的严重缺乏。即使在原来条件不错的大都市，基础设施的余力也被挖殆尽，被迫在重负荷状态下运营，已经无法适应经济建设和人们生产生活的需要。

2. 交通基础设施建设滞后于城市规划建设。新中国成立以后，我国城市化发展的战略和城市总体规划未形成清晰详细的规定，特别是旧城区缺乏有计划、有重点的成片改造规划，致使城市公共交通设施规划缺乏相应的科学依据，导致本来已经很有限的公共交通设施建设资金的投资效益不能得到充分发挥，因而城市公共交通设施建设经常性处于被动的状态下，无法形成现代完善的公共交通系统。

3. 交通反馈系统不健全。从现代组织管理理论角度来看，我国交通管理部门没有常设机构，致使决策系统缺乏权威性，影响交通管理部门的公信力。此外，由于交通管理牵涉面广，导致交通基础设施建设由多头领导，各级相关部门从不同的层面和角度下达指令和规定，让下级无所适从从而影响工作效率。交通管理部门也没有相对完善的反馈系统，交通管理的反馈系统主要是向决策阶层提供建议、提出方案等，它通过对交通设施规划、交通工程设计、交通设施运营网络和交通管理等方面的调查研究，对交通管理部门所提出的决策方案给予修正等，目前，我国城市关于交通系统的反馈体系还不完善也没有独立性，反馈信息的不完整性致使各决策部门和执行机构忙于事务，没有额外时间回顾和评析所做决策及其实施效果。

4. 行政管理体制存在弊端。我国以五年为任期的管理体制与大城市交通发展规律相互冲突，在管理中往往针对特定行政区域任务落实情况是按照既定目标进行考核的，政府只重视任期内城市短期发展速度，而漠视城市长远发展，这种情况在作为城市长远发展指导的城市总体规划中也有体现，因为其本身要考虑很多限制发展的因素，更别提对交通如何长远整体发展进行预见和指导了，这就导致城市交通设施建设缺乏远见。这就解释了在国外大城市已经验证了沿交通轴线扩展能有效缓解城市交通压力的情况下，我国仍热衷于选择前期设施投资规模较小的、在城市外围建设环路逐层平摊大饼式的交通发展路径。

在这种"摊大饼"式的城市空间拓展模式下，城市交通设施配置能力明显不足，而且在环路上交通绕行耗时多，对能源消耗高，加重对周边的污染。在我国目前行政管理体制下，由于城市建设缺乏长远规划，加上注重追求短期效益，导致对需要长期、适度超前的

交通设施资金投入较少，造成了城市公共交通设施建设前期投入成本低，后期解决成本的尴尬局面，这是目前我国很多大城市在交通规划中所遭遇的难题。要解决上述问题，需要行政管理部门构建新体制，实现交通的可持续发展。

（二）公共交通设施建设配套政策不健全

城市公共交通设施与民生密切联系，因此政府以及相关行政部门对公共交通设施建设与管理具有不可推卸的责任，其有义务通过制定政策法规来确保公共交通设施的合理规划和布局。首先，需要制定合理的土地使用政策。在我国大部分城市的新建区，通过医疗、教育、文化及体育等公益性建筑设施来对人流、车流进行合理引导是城区交通和生活有序进行的保证。然而，由于缺乏相应的土地利用政策，导致土地的无序开发，公益性建筑的用地遭到限制，对已建的公共设施也存在重建设轻管理的现象，无法对交通发展起到引导作用。其次，需要制定合理的投融资政策。目前我国尚未建立公共交通设施建设扶持政策和协调机制，公共交通设施建设缺乏稳定的资金来源，资金投入总体不足。政府部门对大中城市新建公共交通设施的财政补贴率一般不足 10%。城市道路基础设施、公共停车场站、交通枢纽、车辆配置更新、交通管理系统等均缺少资金支持。交通设施投资比例不合理，特别是对公共交通设施的投资不能满足其发展需求。公共交通在城市基础设施投资中所占比例较小，远远小于城市基础建设的巨额投资。同时，由于政府没有建立科学规范的补贴补偿机制和制定合理的税收扶持政策，导致财政补贴不能及时到位，给公交企业经营带来困难，加大了职工队伍的流动性和不稳定性，使行业的可持续发展陷入困境。

第四节　城市公共交通设施布局结构的优化与高效利用措施

一、公共交通设施布局的思路和原则

（一）公共交通设施布局的思路

我国在以往解决城市交通拥挤等难题时，过多的重视公交设施供给能力的增加，而忽视了对交通设施布局优化与交通管理措施的改善。同时，城市经济的发展和机动车数量的增多，给城市交通系统带来难以负荷的重压，城市交通设施供给总量的增加无法满足交通需求的增长，导致供给和需求之间矛盾加剧。如何从系统管理的角度出发，提高现有交通设施的利用效率和交通组织管理水平，运用科学的手段，发挥现有交通设施最大的作用，是当前我国城市交通管理科学亟须解决的难题。道路交通设施布局优化的目标是在有限的道路空间上，有效的使用交通设施，使通行始终处于良好的运行状态。

从发达国家交通发展历程来看，随着经济的高速发展，交通工具数量增长的速度远比交通设施的发展速度快，道路资源、交通管理资源等交通供给远远跟不上经济发展所刺激的交通需求的增加，这就造成交通秩序混乱，交通拥堵加重和交通事故的数目上升，以往交通顽疾的成因主要是交通秩序混乱造成道路交通功能降低，而现在逐渐转向设施建设不足导致的通行能力缺乏。要克服上述顽疾，就要从优化交通设施布局着手，在思路上可用几句话概述：从宏观层面着眼要合理解决压力均分，从微观层面着眼要有效解决矛盾分离。做到以静态硬件为载体，以动态组织为措施，以分离交通设施冲突为思路，各个击破，促使整体效益最大化，使动态交通组织和静态交通组织有效结合，增加交通设施调控力。

（二）公共交通设施布局的原则

1. 以人为本的交通设施规划

无论客运还是货运，其最终服务对象都是人，人是交通运行的最终主体，因此公共交通设施设置规划应首先保证城市居民优先受益。交通组织应以大多数人的便利出行为出发点，而不是为了便于管理。在交通供给和需求倒挂的情况下，不同类型的交通流在同一路面通行时有着各自特殊的运动规律，由此产生的需求是不同的甚至是矛盾的，这就要求我们在规划时按人流、非机动车流、机动车流将交通主体区分开来，交通并不是交通工具的简单运行，而是人或物的运行。"以人为本"原则是城市交通可持续发展的最高要求，同时也是最基本的要求。具体体现在：第一，在宏观交通规划时应使绿色、低碳交通在一定程度上取代私人机动车出行，同时，通过调整城市公共设施布局对各种出行方式进行科学引导，使城市建设与管理规划对交通规划实现科学的指导。在城市交通规划和建设的各个环节都必须始终贯穿以人为本的思想。不应只重视机动车，而对行人和非机动车不予考虑，需要充分照顾绝大多数交通主体的便捷性、舒适性和安全性，与此同时，降低交通废气、噪声、振动等污染对路网周围地区居民的危害程度也是规划和建设人员应考虑在内的问题。第二，在公共设施详细规划建设阶段，应在尽可能照顾广大步行者、骑车人的前提下，进行混合交通的综合交通规划。要对交通规划方案学会站在行人、骑车人、司机的角度查找交通设施的设置还有哪些不妥之处，需要进行哪方面的完善，在需要时应及时进行调整。在此阶段，要特别注意一些无障碍设施的设置和方便行人遮阳避雨等的公共候车棚的规划建设，在细节方面体现人文关怀，构建和谐、舒适、健康的交通环境。

2. 最小通行能力原则

管理学中有一个著名的"木桶"原理，即如果组成木桶的各木板长度不同，则，木桶最多盛多少水是由最短的那块木板决定的，该理论应用在交通系统建设中，即长短不一的木板代表通行能力大小不同的道路交叉口和路段，木桶的最大成水量代表道路所能承载的最大交通流量。由木桶原理可知，科学的交通设施规划应以该条道路上交通承载量最小的路口为标准，其他与之相关联的道路上的路口的通行量都不得超过该路口相关方向的最大通行能力，否则必将因通行能力的限制发生交通拥堵。通行能力设施配置的目的是整条道路的公共交通设施配置，不应该出现瓶颈，其核心是如何使上游和下游同一个方向上的交通承载力相协调，换句话说，下游路口的最大交通承载量决定了上游路口的交通承载量。

3. 交通设施规划的美学原则

城市景观是城市的名片的重要组成内容，其各种景观元素都与交通设施有着密切的联系，它们与道路网络的联系决定了它们的位置，科学合理的交通设施布局是形成城市美好景观的基础。城市交通设施规划应与城市景观规划相结合，把交通设施系统纳入城市景观系统之中，做到静态规划设计和动态规划部署相配合，创建既秀丽优美又富有节奏和韵味的城市景观环境。在充分把握城市景观要素和城市景观环境氛围的基础上，做出城市交通设施的组合规划设计，让人们可以从各个角度随时随地体会到富有韵律的多层次城市景观，融入城市优美的自然风光、深厚的文化底蕴以及富有蓬勃朝气的现代都市魅力。

二、优化城市公共交通设施宏观布局的技术性路径

（一）科学控制路网规模，合理构建路网结构

城市道路不仅承载了巨大的交通流量，它又是一个城市在空间上发展的中心线。道路网一旦成型，必将随着城市的不断发展一直持续下去。除非遭到巨大自然灾害或者严重的人为性的破坏。但是不论是历史上的还是国内外的灾后重建经验直接地告诉我们这样一个事实：城市道路网的恢复建设，都是建立在原有的设计基础上的。除非这个城市遭受到了灾难性的毁灭，已没有恢复重建的可能性。由此可见，规划设计一个在多方面多层次都相对合理的城市道路网，在整个城市交通系统中有着重要的意义。然而完善城市道路网必须优先考虑道路规模、结构这两个方面。

1. 把城市道路网的规模控制在科学的范围之内

随着全国城镇化步伐的加快，城镇人口密度不断加大，城市道路交通问题日益凸显，在个别城市里有交通几近瘫痪的可能。鉴于此，全国各地政府针对交通问题的新实验新规定应运而生，而又迥然有别。而其共性是一致的，那就是城市的土地是极其有限的，修建城市道路的用地在整个城市占地中所占比例也不可能无限制的增加。科学地控制城市道路网的规模时不我待。考核城市道路网规模大小的指标有以下几个：道路的面积率、人均道路占有率及道路的设计密度等。

城市中所有道路的面积在整个城市用地中所占的比例即是道路的面积率。通过对国际上多个城市道路面积率的研究，如果一个城市要达到交通畅通的要求，城市的道路面积率宜保持在 20% 左右；例如，华盛顿为 43%，纽约和曼哈顿为 35%，这几个城市除了道路就是房屋，显得这座城市毫无生机；又如东京为 13%，广州为 12%，道路显得极其拥挤，交通堵塞时有发生。据此可见，道路的面积率过大过小都是不可取的。科学地控制城市道路网首先应科学地控制城市道路的面积率。

城市中每个人所占有的道路的面积占该市道路总面积的比例就是城镇人均道路占有率。可见它与城镇道路总面积有着巨大的联系。研究认为人均道路面积应为 7 ~ 15 ㎡；其中道路用地面积应为每人 6 ~ 13 ㎡，广场面积应为每人 0.2 ~ 0.5 ㎡，公共停车场面积宜为每人 0.8 ~ 1.0 ㎡。人均道路占有率过大过小同样是不可取的。

城市道路网密度也是衡量道路网规模的重要指标，如果密度太小，则交通可达性势必会差；如果密度过大，会导致交通不便，道路的有效使用率就会降低。实际上，道路的分布要受经济发展程度、地形建筑布局等许多条件的限制，各城市的道路网差异很大，即使同一城市不同地区的道路网密度也不尽相同，经济发展好的地方，商业活动密集的地方，道路网密度就会大一点儿，经济欠发达或商业活动不太密集的地方密度相对较小。

2. 根据城市实际交通状况安排道路网结构

从交通覆盖角度讲，城市道路网有以下结构特点：

放射性路网能保证距离城市中心较远的地方与市中心有方便的联系，但是靠近城市边缘的各区之间相互来往会比较困难。由此可知，这种结构可能会造成城市中心比较拥堵，而城市外围联系不太便利的现象。这种结构只适合于客流量相对较小的城市。放射性加环式路型网在大城市比较实用。在一个城市的发展过程中，汇集到城市主要干道的外围大道，形成放射干道，而城外各地之间的交通量则适当地放在环型路上，但是却造成了放射干道上的交通量比环形道路上大很多，因此市中心交通枢纽仍然会超载。

棋盘式路网就像是一幅棋盘，没有非常明显的城市中心交通枢纽，在纵向和横向都有许多条平行的道路。这样一来每位出行者都会有较多的路线可以选择，对于人们出行是非常有利的。另外这还有助于把客流量均匀分布到各条道路上，使整个交通系统的通行能力增大，大大提高了效率。而它的缺点是沿对角线方向没有最便捷的路线。所以棋盘和对角线式路网应运而生。

综合式路网被公认为是比较合理的科学的，因为如果综合考虑合理规划，则其具有明显的优势。

（二）完善人行和车行安全设施，合理疏导交通流

1. 行人安全设施

①人行过街地道。过街地道的开通大大减少了城市交通设施用地的需求，为行人的通畅出行提供了便利条件，在地道内部，应注意地面和墙壁的装饰，新颖的灯光设计，往往能给行人新奇的感受。在布设过街地道时应注意避开旧城区管线布设密度较大的地区，其宽度设置应以能满足交通高峰时段的行人规模为宜。②高架人行道。高架桥的设置应根据出行者的生理和心理要求来布设，以提高高架桥本身的可利用性和安全性，具体来说其长度应根据建造地路面的宽度和周边环境而定，其造型要体现独特性和优美性，成为街道的一抹亮色。③路边防护栏。为了防止行人任意横穿马路，对机动车、非机动车形成横向干

扰造成交通事故，在平交口或人行横道上往往设置防护栏。防护栏设置应与人行横道、过街天桥、地道等结合起来，既能方便行人过街又能有效降低交通事故。④人行横道。人行横道一般设置在道路交叉口处，应与信号灯设置相结合，主要通过控制过街的行人和车辆的过街次序来控制交通流。值得注意的是，在有些交通流量不大的地方，信号灯设置缺失，行人通过时应注意行驶的车辆，车辆此时应注意避让行人。

2. 车辆安全设施

包括交通岛、分隔设施及防眩装置等。交通岛一般设置在平面交叉口处，用来引导交通流按规定方向运行，交通岛的设置对提升交通能力有一定作用，也可用在交叉口处画斑马线的方式设置交通岛。

常见的分隔设施有隔离带和隔离栅栏两种，用交通分隔设施将不同的交通出行方式和不同方向交通流分割开来，避免了各种交通需求间的相互干扰。当道路较宽敞时应设置隔离带，在分割交通流的同时，隔离带还可用作为道路绿化及作为地下管线和路灯等其他交通设施的布设空间。当道路较为窄小时，隔离栅栏或隔离墩是用来分割交通流的不错选择。平面交叉口处的隔离墩也具有多重功能：分割交通流，视线诱导与引导交通流等。

防眩装置的设置也有两种形式：一是在道路中间的隔离带上设置防眩网；另一种是在隔离带上布置灌木丛，这两种方式都能有效降低夜间对向行车车灯对对方造成的眩光干扰。为增强防眩装置的效果，在设置时应注意其高度应略高于驾驶人的视线高度，其在快速交通的高级公路上应用广泛。

另外，交通标志、信号等设施也属于交通安全设施之列，在设计时应注意其色彩的应用，使行人和驾驶人能快速对其做出反应。

（三）增加公共交通服务设施，建立良好交通环境

1. 公共停车场。停车场在城市公共交通设施中占有重要地位。城市化的推进，城市社会经济的发展，促使私人机动车保有量剧增，对城市交通工具停放设施的数量和质量也提出新的挑战，如果停车场无法满足交通需求，结果可能是交通工具任意停放，既对市容市貌产生负面影响，影响城市交通通畅，甚至行人的安全也得不到保证。科学的城市停车场布局应根据城市总体规划要求在各个区域交通重心处均衡建设，旧城区，客流量较大的商业中心、大型广场都要根据交通需求建设；城市火车站、长途汽车站等重要交通枢纽附近的适当位置安排公交停车场用地，在新建城区时，应根据交通规划预留停车场地。

2. 公交始末站。公共交通始末站的设置根据客流集散实际情况可选择在城市对外交通集散广场、居住区、商业区，以及文化娱乐、体育活动中心附近。其出入口不宜离道路平面交叉口太近，对无轨电车始末站位置的选择还应考虑车辆转弯的偏线距离和架设触线网的可能性，同时应尽量靠近整流站，以确保电力供应的可能性和合理化。

3. 城市加油站。城市公共加油站的位置应符合城市总体规划、用地布局规划和环境保护规划的要求，同时，由于汽车加油站属于易燃易爆场所，在规划时应符合防火安全的要

求，在设计时应安装防雷装置。其选址应在交通便利的区域。城市市区内可设在交通主干路边缘或建在出入方便的次级干路上，在郊区可建在公路或市区的出入口附近。

（四）保证交通管理设施的覆盖率，减少重复率

城市交通管理部门按照立法程序制定的统一规则，设置的必要的交通标志、交通信号灯和路面标志都属于交通管理设施，正确设置交通管理设施能有效提升城市道路的通畅程度和通行能力、降低交通安全隐、使交通秩序井然有序，在这种情况下，交通设施可以更好地发挥作用，达到和谐交通的目标。城市道路管理设施一般用图形符号或者文字给交通出行者传递特定信息。不同的交通管理标志所传递的信息各有不同，因此其设置规范也有自身标准，在布设时要充分考虑特定情况。设置交通管理设施的初衷是交通的安全畅通，在布设过程中应注意整体规划和布设间距，在同一条路上不得出现指示相互冲突的标志，同时也不能有过多重复标志，即用最少的标牌表明交通情报，而且提供的信息量不宜过多，以防止行人或司机注意力不集中而发生意外情况。一般来说，在同一个地方指路牌和禁令牌不得同时设置。为了便于行人和驾驶人注意到标志，一般应把标志设置在行驶车辆的正方向，另外应注意，交通标志应设置在照明条件较好的位置，以便于其在夜间发挥作用，在交通流量较大的路段或，标志应该使用反光材料。

（五）注重公共交通辅助设施设置，于细节处彰显人文关怀

还有些通常被人们忽视的交通设施，在设置时若能给予一定考虑，则能彰显一个城市的品质和人性化程度。

路灯是城市公用设施之一，在夜间他不仅使汽车驾驶人和行人能得到较好的可见度，而且它也是城市的点缀饰品，能为城市增添街景美化市容，形成一条街的式样和风格。在设置路灯时，既要保证道路的可见度，又不能使路灯过于刺眼，以确保车辆和行人的通车安全。根据道路的风格和功能，在设置路灯时既可以沿道路两边对称布设也可以沿道路两侧错位布设，例如在城市迎宾大道上宜采用对称布置型，并可以在灯杆上悬挂彩旗等，烘托热烈的气氛，展现城市的友好态度。

由于城市道路边的公共厕所主要是为人行交通服务的，因此在此将其列入交通服务设施，这类设施在设置时面临选址难的问题，因为居民都不愿意将其建在自家门口，因此应当在城市控制性详细规划阶段，将其位置预留出来，对其地址进行布设规划，其合理的设置应在公共绿地，公交始末站附近，这样既方便行人又能减少布设阻力。其他可归为交通服务设施的诸如城市道路上的无障碍设计，公共汽车停车站，书报亭等，这些设施独特新颖的设计和巧妙的设置体现了城市生活美和艺术美的统一，都能成为提升城市美观度和空间品质的措施，在一定程度上能反映一个城市的文明度，体现以人为本原则，满足人们多样化需求和审美情趣，是构建和谐、健康、舒适的宜居城市的内在要求。

三、提高城市公共交通设施利用效率的对策

（一）重视公共交通设施的微观色彩设计

研究表明，人的视觉器官中色彩感官给人的印象最为迅速，而且停留在大脑中的时间最长，成为影响感官的第一要素，因此在设置公共交通设施时不妨从色彩角度考虑提高公共交通设施的利用效率，尤其是交通管理设施。这样做不仅比改善硬件设施更节能环保、见效快、可操作性强，而且体现了交通设施的人性化设计原则。

然而，在公共交通设施设置时对色彩重视程度不足，比如上海有些公交指示牌的底色和标示所用颜色区别度较小，不方便行人和司机辨认，尤其是在光线较暗的晚上。有的设施用色混乱，与周围环境极不和谐，影响美观，给乘客和行人不好的感觉，影响其使用效果。公共交通设施的色彩配置还应考虑特殊人群尤其是有色觉障碍的人群的使用，因此在色彩设计上应考虑设施的明亮度差别使人们可以无障碍地获取公共交通中的必要信息。

公共交通设施在色彩设计时应注意和人们的常识结合，各种色彩具有不同的意义，应根据公共设施的不同功能，迎合人们的心理感受，注重交通设施的色彩设计是帮助人们接受公共交通设施信息的有效途径，能提高人们在完成交通行为时的便捷性，以此来保证设施的高效利用。

（二）优化组合公共交通设施的综合功能

在规划和建设公共交通设施时，根据管理部门的标准准则将多个相关功能集合于一个建设项目，使这些功能重新组合，优化设计，这种建设方式能有效地使传统单一的公共交通设施功能在纵向上得以延伸。比如在建设公交站牌时，除传统上标注的站点和车辆信息外，可加上具体的地图信息，给出行者更直观的印象；如果是跟旅游景点相关的路线，则在站牌上特别标注上旅游路线和景点，以人性化服务体现公共交通设施的价值。又如在建设公交场站和停车设施时，通过对这些设施的功能优化整合，提供车辆的具体时间信息、配置信息和乘客所需要的其他服务信息，如通信信息系统、实时天气信息系统、网络系统等，通过智能化、动态化软件系统为硬件设施锦上添花，将只提供单一功能的公共交通设施通过整合形成一个多功能信息聚集地，通过深层次服务来满足居民的多样化需求。

通过整合优化城市公共交通设施的综合功能不仅可以提高公共交通设施的利用效率，而且能够节省设施建设成本，因为将多种功能按科学技术标准通过一道工序集合在一个建设项目内，有效缩短了项目建设周期。这种功能的整合避免了重复建设造成的资源浪费、对交通的堵塞和对周围居民带来的麻烦。

第五节　公共交通设施布局优化与高效利用的保障体系建设

一、机制建设创新体系

（一）交通管理整合机制

在交通问题日益突出的今天，科学、高效的交通管理体制和运行机制是提高交通系统运行效率重要保障，是构建现代综合运输体系的基础条件。目前这种部门分割管理模式下所产生的职责不清、政出多门问题仍然比较突出，部门协调缺乏一致性，部门利益超过交通问题协调等弊端暴露无遗。在这种模式下，交通问题的协调缺乏科学性的统一、高效的综合交通管理权威机构，导致交通管理体制存在政企不分、多头管理、效率低下的状况。借鉴国外先进国家的发展经验和国内主要大城市的实践经验，结合现行交通运输管理体制，进一步完善管理体制和运行机制，通过建立对各种运输方式实行统一规划、统一建设、统一管理、运行高效的综合交通运输管理机构，实现各种交通方式和运输设施均衡发展，实现交通的利益最大化和交通服务质量的最优化。

（二）人才引进和培养机制

城市交通设施规划是涉及工程学、地理学、管理学等多学科交叉的领域，在我国还是一门新兴学科，目前，我国城市交通规划缺乏具有专业资格的规划人才，在人才引进和培养上远远无法满足现代化城市综合交通管理发展的需要。要实现城市交通的可持续发展，实现构建和谐交通体系的愿景，就迫切需要创新人才引进机制、完善人才培养机制、激发人才活力，遵循人才引进的客观规律，树立正确的人才引进观念，更好实施以人才带动发展的重要战略举措，建立由"政府引进，市场运作"的多元化人才培养投入机制，切实加强城市交通规划专业技术人员和管理人员的教育和培训，是保障城市交通发展的前提和重要支撑。

二、政府政策保障体系

（一）土地利用政策

城市交通系统的空间发展模式、交通通行能力、空间距离结构模式都是由城市的用地布局决定的，根据不同城市的自然地理条件制定科学合理的城市用地政策能够有效地防止城市空间的无序蔓延，提高城市化水平。合理的用地规划与布局是减轻城市交通负荷、控制交通需求的有效手段。因此，应坚持城市交通与土地利用的协调发展，使城市交通规划与土地利用更为紧密结合在一起，进一步理顺城市土地利用的思路，在土地利用规划中应注重合理的城市空间结构和用地形态，以代替以往只注重发展速度、用地规模和人均用地指标确保公交场站用地及公交设施空间分布的合理性。通过综合考虑交通发展模式、交通设施投融资政策、土地利用政策、交通科技来等各方面因素平衡各种运输方式，加强土地利用政策与综合交通的协调发展以及其对交通运输的引导作用，制定一系列适度超前综合交通政策，促进交通运输结构的更新升级，引导各种运输方式协调发展。

（二）公共交通规划政策

我国解决交通问题的传统做法是加大交通设施的投入，即通过拓展道路宽度，增加道路长度，加大路网密度以期提高交通通行能力。但是，空间资源和资金的稀缺决定了此举在实施时受到很大的限制。如何寻求一种有效办法来提高现有公共交通设施的利用效率，成为当前亟须考虑的问题。美国交通理事委员会会员李·奇博士曾说过："公共交通体系是目前最能支持城市可持续发展的体系"。公共交通在环境保护、出行效率、运输能力、服务质量、人均用地面积等方面比其他出行方式有着明显的优势，从国外先进经验得知，完善的干线网络、发展充分的轨道交通和对各种公共交通方式有效的整合是国外治理交通拥堵、提高交通服务水平的有效措施，国外大部分城市的公交分担率在 40% ~ 80% 之间，换乘系统发达，枢纽站完善。许多国家政府还从政策上完善优先发展公共交通的补贴补偿机制，公开公交市场开放，有效地限制私人机动车的不合理使用。实践中，根据实际情况，将城市规划和公共交通规划有机结合起来，采用灵活高效的经营管理方式，通过提高信息化程度、采用现代化技术扩大交通服务能力。公共交通优先发展政策侧重于从运输装备角度加大对公共交通的投资力度。坚持"公共交通优先发展"的策略，就是要通过发展大运量快速公共交通系统、促进公共交通枢纽建设、优化公共交通网络、赋予公共交通设施优先权等一系列措施，切实提高公共交通通行能力和服务质量，增大公共交通吸引力，提升交通运输体系的运输效率。

（三）交通工具使用与拥有政策

城市交通工具使用相关政策旨在通过减少交通需求从源头上治理城市的交通问题，在使用该政策时应与城市公共交通优先政策相互配合，通过教育，在居民尤其是在私有车保有者心中牢固树立公共交通优先的意识。在实施相关政策时，为配合城市交通方式组合优化政策，应积极发展公共交通车辆及其相关配套设施，适度发展私人小汽车，根据城市交通供需状况规范出租车市场，严格限制使用摩托车，逐步取消助力车，通过限制某些车辆进入城市市中心，减少市中心停车设施压力，制定严格的噪声和废弃排放标准，实施区域驾驶证等制度确保政策的实施效果。同时，应积极建设换乘等公共交通设施，鼓励停车换乘。

（四）交通法规规范政策

城市交通法规体系不完善是当前我国城市交通发展中所暴露出的问题的重要原因之

一。通过建立城市交通法规体系来引导城市交通健康发展是提升我国城市交通品质的有效途径。以美国为代表的发达国家在城市交通发展进程中建立了一整套的完备的道路交通法规体系，主要包括交通投资与建设、交通运营与管理、交通安全和交通环境等各个方面，完善的城市交通法规体系对城市交通发展建设起到了极其重要的作用。借鉴发达国家的成功经验结合我国城市的实际情况，我国城市交通法规体系应由三方面组成：城市交通结构优化法规，包括城市公共交通优先法等；城市交通基础设施建设法规包括公共交通场站法等；城市交通能源与环境法规包括高污车辆报废条例等。

另外，我国城市交通规划设计规范和技术标准也需要完善，目前我们沿用的仍是20世纪90年代甚至更早的设计规范和标准，在规划、建设和管理三方面交尚未形成比较完善的城市交通规划设计规范。在实际中，需要从以下方面着手完善设计规范：一是进一步完善现行城市交通规划规范和技术标准，根据发展要求修正旧标准，增加新内容，并明确规范和标准的应用前提；二是完善交通管理技术规范和标准，在对我国已有的城市交通管理规范和标准的基础上，结合现代化手段，应用信息化技术，形成完整的城市交通管理规范和标准；三是加强现有的机动车辆排污规范，废弃排放污染物过高的机动车。

（五）安全教育政策

国内城市出行者交通意识薄弱，交通违规现象频繁是造成城市交通拥堵，安全事故频发的又一重要原因。行人、司机和驾驶员交通行为的随意性在干扰正常的交通秩序的同时增加了交通事故的隐患。在优化城市宏观交通布局结构的前提下，不规范的个体交通行为也可能对整条道路甚至整个交通系统的通行能力造成严重影响，据调查，现阶段出行者交通意识薄弱的原因主要是人们的侥幸心理、从众心理以及外在推力。要解决这种困境，就要建立完善的安全教育计划和城市交通法规，提高城市交通行为人的现代交通安全意识，将对提高现有交通基础设施的利用效率，减少交通事故起到积极的作用。

三、融资渠道保障体系

交通基础设施建设资金缺乏限制了现代化城市综合交通体系的发展。由于城市交通设施具有准公共产品属性，其投资难以通过市场手段收回，这就需要对以往的单纯依靠政府投资的模式进行改革创新。一是应完善政府财政政策，可适度扩大交通设施承建区的财政权利，优化财政支出结构，防止财政越位、缺位和错位现象的发生；二是应完善政府补偿机制，对低于平均利润的私人成本进行合理补偿，以期促进交通设施投资的良性发展；三是进行金融制度创新，加大政策性银行和商业银行对基础设施建设的信贷支持力度，拓宽融资渠道；四是创新公共交通设施的融资模式，目前许多城市已经在这方面进行了有效的尝试，其中最重要的改革是投资主体的多元化和投资方式的多样化，积极引导民间资本参与公共交通设施建设，创新多元化融资模式，通过拓宽广大投资者的投资渠道，为公共交通设施建设搭建新的平台。总体来说，在政府的主导下，充分发挥市场机制的调节作用，并广泛调动民间资本的参与热情对促进我国城市公共交通设施建设有良好的推动作用。

四、科学技术保障体系

1. 环保技术

机动车行驶过程中会产生噪声、废气、尘埃等各种污染，而在目前的技术水平下这些污染是无法避免，为了减少因交通带来的污染和消弭污染给周围居民和环境带来的危害，有必要研究交通污染治理技术如汽车尾气净化技术、对道路设置绿化带等，通过实施这些环保技术达到控制污染危害程度的目的，实现绿色交通，促进交通的可持续发展。

2. 智能技术

未来城市交通发展的方向是智能交通，智能交通有效地将信息技术、传感器技术、自动控制技术和系统集成技术等有效结合，建立起一种服务于整个交通管理与控制的实时、准确的综合性交通运输系统。在当前形势下，我国应加大对交通设施科技投入，致力于建立智能交通管理系统（ITS），以现代化综合交通信息系统的构建为目标，创新交通管理科技工程，建设包括交通管理系统、交通信息服务系统、交通控制系统、交通指挥系统等在内的智能交通管理系统，基本实现交通管理与服务的智能化、信息化、现代化。另外，还需要进一步创新为行人和车辆提供和交通体系相关的静态和动态信息的交通信息服务体系，实现交通服务的可视化、便捷化，为其完成交通行为提供路况咨询和帮助，消除由于交通系统的不确定性为其带来的不便，提高交通的整体运转效率。

3. 管理技术

现代化的交通管理系统需要以城市交通信息技术为基础，其最高形式是区域交通管理，这种模式把全区域所有车辆的运输效率最大作为自身的管理目标。目前，区域交通管理由两类形式：区域信号控制系统和智能化区域管理系统。前者以英国的 SCOOT 和澳大利亚的 SCATS 等为代表，我国部分城市已开始引进这种控制系统。后者是智能化交通系统的组成部分，目前尚处于开发阶段，一旦投入使用，将对降低能源、资源消耗，提高交通运行效率起到良好的推动作用。

第十章 城市市政基础设施建设

第一节 相关概述与理论基础

一、城市基础设施概述

（一）城市基础设施的概念

20世纪40年代末，基础设施作为一个独立的经济学范畴开始出现于西方。20世纪80年代初，我国学者逐渐重视基础设施的重要性，加大了基础设施的研究工作。1981年，钱家俊、毛立本引入了"基础结构"概念。1983年，刘景林详细介绍了基础设施的概念、特征、作用，并提出了基础设施发展对策。《中国经济大词典》将基础设施定义为："为生产、流通等部门提供服务的各个部门和设施，包括运输、通讯、供水、文化、教育、科研以及公共服务设施。"《辞海》将基础设施定义为："为工业、农业等生产部门提供服务的各种基础设施，包括铁路、公路、港口、桥梁等部门的建设。"早期研究并没有将"基础设施"与"城市基础设施"区分开来。

20世纪80年代之前，我国一般把政府部门出资建设的城市道路、给水、通信等设施称为"市政工程设施"。改革开放后，有些专家和学者提出可以将这类设施统称为"城市基础设施"。1985年，我国学者在"城市基础设施学术讨论会"上最先定义了城市基础设施："城市基础设施是既为物质生产又为人民生活提供一般条件的公共设施，是城市赖以生存和发展的基础。"1998年中国建设部颁布《城市规划基本术语标准》，将城市基础设施正式定义为："城市生存和发展所必须具备的工程性基础设施和社会性基础设施的总称。"其中，"工程性基础设施一般指能源供应、交通运输、给水排水、邮电通信、环境保护、防灾安全等工程设施。"

不同的学科对城市基础设施概念的具体定义有所不同，论文主要以1985年我国学者在"城市基础设施学术讨论会"和《城市规划基本术语标准》对城市基础设施的定义为准，研究对象为《城市规划基本术语标准》定义中的工程性基础设施。

（二）城市基础设施的分类

本书研究主要是针对 1985 年我国学者在"城市基础设施学术讨论会"和《城市规划基本术语标准》对城市基础设施的定义，研究对象是狭义上的城市基础设施，也即工程性基础设施。

1. 能源动力系统。能源动力系统是城市发展和人们生活的动力来源，主要包括供热、供气、供电、和供汽，以及能源供应铺设的管道和管线，为城市生产和人们生活提供电力、燃气、供热等支撑和保障，是城市人口经济、生活和文化活动不可或缺的生命保障系统。

2. 水资源及供排水系统。该系统是城市的生命保障系统，直接影响到城市生产发展和城市人口的生命安危，对城市可持续发展具有无可替代的作用，涉及水资源的传输、处理以及水资源的保护等。

3. 交通运输系统。交通运输系统是城市经济发展与运转的大动脉，在城市生产活动所需原材料运输过程中起到了关键作用，同时也是城市生产产品向外运输的重要通道，对提高人们日常生活便利程度及工作效率有重要的作用，同时也是城市居民参加各项社交活动的重要载体。交通运输系统可以分为对内和对外两部分，对内包括地铁、公共交通、私人出租和道路网，对外包括管道运输、机场、海港和铁路。

4. 邮电通讯系统。该系统主要分为邮政和通讯两个系统，主要负责城市居民间各种信息的传递，改变了人们的生活方式，为可持续发展开辟了新天地，是实现可持续发展的必由之路。信息化革命推动人力发展迈入了一个新阶段，使得人们生活方式发生了极大变化，大大改善了人们生活便捷程度，成为现代化城市的主要标志。

5. 生态环境系统。生态环境系统在维护城市生态平衡，保护城市人口健康，避免环境恶化方面起到重要作用，包括城市中的环境卫生、环境保护和园林绿化。生活垃圾及固体废弃物排放日益严重等问题都与城市基础设施可密切相关，生态环境系统越来越得到重视。

6. 安全防灾系统。安全防灾系统包括城市的防洪、防火、防震、防沉降以及战备人防等各方面的控制，对于居民聚集情况比较密集的城市来讲，安全防灾系统就会显得尤为重要，城市安全防灾系统的建设必须受到重视。

城市基础设施建设要实现可持续发展不能忽略任何一个系统的发展，只有各项城市基础设施建设保持动态协调，整体和谐一致发展才能保障城市的正常生产运营，推动城市进一步发展。

（三）城市基础设施的特点

1. 城市基础设施是城市形成和发展的基础

城市基础设施和城市生产和生活密切相关，是城市进行各项生产和生活的载体，城市基础设施各系统之间有机协调运转，保障了整个城市的正常生活。城市基础设施在促进城市经济发展的同时，还能带来社会和环境效益，完善的城市基础设施不仅能提高了城市居民的生活质量和生活水平，还能改善日益恶化的环境问题。可以说，城市基础设施建设是一个城市发展的先行条件，它的建设水平是影响城市发展水平中关键因素之一。城市基础设施作为城市综合服务功能的物质载体，一方面还要保障各子系统之间彼此协调一致、按照一定的比例发展，另一方面要保障与经济、社会、环境系统协调一致的可持续发展。如果城市基础设施建设发展缓慢，势必影响城市正常生产和生活，阻碍城市的可持续发展。

2. 城市基础设施建设的整体性

城市基础是作为一个整体来为城市提供服务的，其建设和经营必须从整体层面上全局把握。首先，城市基础设施是一个高度综合、整体性非常强的系统，各个系统之间相互配合，缺一不可。城市基础设施建设必须从整体上统筹安排，统一规划，使其各系统之间紧密衔接，协同发展。当前，"城市病"日益突出，城市化进程又处于快速提升阶段，在这样背景下，有必要深入研究问题发生的根源，争取从源头上解决问题。事实上，城市规划在某种程度上可以影响一个城市的发展质量，高质量的城市规划能够从全局把握发展方向，综合统一规划，从而可以减少"城市病"发生，实现城市的可持续发展。其次，城市基础设施从来就不是孤立而存在的，而是支持城市增长的一个关键因素，城市基础设施必须与城市发展保持协调一致。此外，各项城市基础设施保持动态协调，整体和谐一致发展才能保证城市各项生产和生活活动的正常进行和健康持续成长，也意味着其中任何一类设施的发展都不能被忽略。综上，城市基础建设不仅要与城市发展保持同步，城市基础设施六大系统之间也要保持动态协调，整体和谐一致发展。

3. 城市基础设施服务的公共性

城市基础设施区别于其他商品的一个显著特征就是其服务的公共性。城市基础设施各系统都有都具有一个相同的功能，即为城市提供服务，城市基础设施服务对象是整个城市的生产和生活。任何一项基础设施都不是为特定企业或个人建设的，而是一个公共的开放系统，其服务范围是面向整个城市的，毫无例外的向城市中的每一个企业、每一个人开放。从服务对象上看，城市基础设施服务的对象基本上可以分为生产和生活两类。一方面为城市基础设施中有些部分能够参与各项生产，直接带动城市经济发展，其提供的产品和服务也为城市活动提供运行基础，支持和保障城市各项生产等经济活动；另一方面，城市基础设施的建设和发展又为城市居民生活提供服务，能够满足人类的基本需要、提高城市居民生活质量。实际情况中，两者是难以分裂开来的。需要说明的是，城市基础设施的服务范围局限于地方，这属于明显的地域限制特征，此特征决定了城市基础设施提供服务的范围仅限于某特定地域，消费的排他性也只能依靠特定地域范围来实现。

4. 城市基础设施建设的超前性

城市基础设施项目一般具有投资多、规模大等特点，已经建成的基础设施其容量和效益在相当长一段时期内也就固定了，不可能随着城市发展而及时进行调整。此外，城市基础设施建设一般都要经历较长的施工周期，其效益发挥一般也都存在滞后效应。故为了城市基础设施在质和量、空间和时间上与城市发展保持协调，避免出现城市基础设施功能发挥跟不上城市发展速度而进行重新新建或改建的情况，就必须做到城市基础设施建设略超前于城市发展。事实上，在更为前期阶段即规划阶段就应该做到适度超前，也即城市基础设施建设规划时就必须充分考虑城市未来发展需求，保证城市基础设施容量和效益能够满足未来城市经济发展、人口增长速度的需求，从源头上避免资源浪费。

二、相关理论基础

（一）可持续发展理论

1. 可持续发展概念的提出

20 世纪 30 ~ 60 年代发生的"八大公害事件"震惊了全世界，唤醒了人们对环境保护的意识。1968 年，美国科学家蕾切尔·卡逊（Rachel Carson）的《寂静的春天》介绍了因化学杀虫剂导致很多生物和害虫一起被消灭的可怕场景。1972 年巴巴拉·沃德和雷内·杜博斯主编完成《只有一个地球》，概述主要从人类生存的角度介绍了地球的有关知识，呼吁人类在"只有一个地球"的事实下应该珍惜资源。1972 年探讨与研究人类面临的共同问题的罗马俱乐部发表了著名的研究报告《增长的极限》，该报告得出结论认为全球增长将会于下世纪某个时段内达到极限，届时经济增长将出现衰退，地球承载能力也会达到极限。1972 年联合国人类环境会议召开，会议将环境问题作为一个重要的议案进行谈论，呼吁人们重视环境保护问题，通过改善人类赖以生存的环境来造福全体人民、造福人类。1980 年联合国大会呼吁人们共同探讨各系统之间的关系，以保障全球的可持续发展。1987 年《我们共同的未来》报告问世，首次将环境问题与发展联系起来，并明确了可持续发展这一概念。1992 年联合国环境与发展大会召开，此次会议上形成的文件对人类在日后发展过程中加强重视环境保护具有重要意义，第一次将该理论从概念阶段推向实际行动阶段，标志着可持续发展已经成为全人类发展的共同选择。2002 年，世界可持续发展首脑会议召开，会议回顾了可持续发展取得的进展，总结了存在的问题，讨论和研究了可持续发展的实施手段和管理方式等行动事项，最终通过了《约翰内斯堡宣言》，标志着可持续发展战略迈进了一个新阶段。

2. 可持续发展内涵

（1）《我们共同的未来》报告和《地球宪章》对可持续发展的定义

《我们共同的未来》报告将可持续发展描述为："既满足当代人的需要，又不损坏后代人满足其需要的能力"。该报告对可持续发展的定义在目前影响最大、流行最广，已成为了一种国际通行的解释。在此基础上，《地球宪章》将这一概念阐述为："人类应享有以自然和谐的方式过健康而富有成果的生活的权力。"强调了公平性、协调性、质量、发展四个原则。

（2）不同角度定义

国内外学者从不同角度对可持续发展内涵进行研究，代表性角度的主要分为三类。强调环境保护角度，过去我们一味注重经济发展，以牺牲环境为代价，忽略了对环境的保护，因此有一大部分学者对可持续发展的内涵研究偏重于环境保护角度。如国际生态学联合会及国际生物科学联合会共同开展了专题研讨会，主要从环境保护角度赋予可持续发展内涵，认为应当注重环境系统的生产和更新能力；强调经济学角度，可持续发展主要是人们对传统发展模式尤其是经济发展模式的反思得出的结果，因此目前该角度定义研究很多，也是研究的热点。该角度强调经济发展是核心，但是不应以牺牲环境为代价，强调经济发展的要建立在不能破坏自然环境的基础上；强调社会学角度，社会学角度定义强调在自然资源利用决策中的利益及收入分配不平等，认为最终落脚点是人类。如李具恒，李国平认为可持续发展的主题在于正确规范"人与自然"之间和"人与人"之间的关系准则，将二者整合才能真正地构建可持续发展的理想框架。

可持续发展是人类对传统发展模式的经过深刻的反思和长期探索而提出的，其内涵极其丰富，以上多方面的理解有助于从多角度把握可持续发展内涵。一方面，关于生态、环境定义是比较多见的。另一方面，经济学家认为自然环境虽然重要，但技术和社会组织的改进都依赖于经济发展。其实可持续发展既不是单纯的经济持续发展或者自然生态的持续发展，应当是三个方面统一协调的发展。城市基础设施建设可持续发展是"可持续发展"概念在该领域的延伸并派生出的词汇，城市基础设施建设可持续发展这一概念既体现可持续发展内涵，又要体现城市基础设施这一特定领域。作为城市综合服务功能的重要载体，城市基础设施的建设和运营改变了城市经济、社会和环境的原有形态，对城市经济发展、社会发展、环境发展等众多方面都产生重要影响，对城市实现可持续发展意义重大。因此，从该角度来讲城市基础设施建设可持续发展是一种全新的发展观，实质在于平衡好经济、社会、环境三个方面的关系，只有充分考虑三个方面效益，做到三个效益维度相统一，才能真正实现城市基础设施建设发展的根本目标。

（二）系统理论

系统论的思想源远流长，当前关于系统的定义和概念的表述多种多样，尚无统一的表述。"一般系统论"的创始人冯·贝塔朗菲对此的定义在目前影响最大、流行最广，他认为系统是由许多个相互联系、相互作用着的元素构成的统一体，并且系统总是处于一定的交互关系下，与外界发生着各种联系。我国空气动力学家钱学森认为系统是由许多个部分组合而成的，各组成部分之间相互依赖、相互影响，共同构成了一个特定的整体，同时该系统又处于另外一个比其自身更大的系统中，是另一个系统中的构成成分之一。如果一个集合的组成部分数量在两个以上，各组成部分之间能够明显辨别出来，但各不同组成部分之间又相互依赖，以某种独特的方式共同组合起来，那么该集合就能够被看作是一个系统。

由此可见，从系统论角度出发一个系统可以划分为若干个不同的构成成分即若干个子系统，各个子系统都按照一定的规律发展，但各个子系统并不是完全割裂开来的，子系统之间相互依赖、相互影响。其实，系统论的核心是整体论，单个子系统发展达到最优，并不是最理想的目标，最理想的目标的各个子系统最为一个整体能够达到最优。也就是说，系统论要求人们研究问题时不仅仅要研究系统内部各个组成部分，还要把各个组成部分作为一个整体进行研究；不仅仅要考虑系统内部各个组成部分的发展问题，还要考虑其与外部经济、社会、环境等各个层面的问题；不仅仅要对其当前所处状态进行静态的研究分析，还要考虑其未来的发展变化趋势。从系统论角度研究问题时，重要的是能够以整体思想全面的、动态地看待问题。

城市基础设施建设可持续发展是一个复杂的、涉及多系统的问题，研究过程中必须始终坚持系统论的观点，运用系统论的整体性原则，对影响城市基础设施建设可持续发展的各子系统及其要素进行整体性、系统性、综合性的研究，使城市基础设施建设取得良好效益。根据可持续内涵，从系统论的角度出发，首先将城市基础设施建设视做一个整体系统，该系统本身内部由各子系统组成一个整体。同时该系统又与外部紧密联系，是城市发展的重要性支撑，与城市经济社会环境相互作用。因此，可以城市基础设施建设可持续发展作为一个整体大系统，该系统又可以划分为三个构成部分，即经济子系统、社会子系统和环境子系统，各子系统之间相互影响，共同作用于系统整体目标。城市基础设施建设可持续发展就是指其各构成子系统之间作为一个整体能够和谐一致、动态协调发展的过程。

（三）协调发展理论

协调是指系统之间或者系统各个要素之间和谐一致、配合得当，主要是一个形容各事物之间呈现良性关系的概念。也有学者认为协调主要是描述了一种状态，说明系统各要素之间关系十分融洽，各要素作为一个整体表现出的效应或功能能够达到最优。从本质上来讲，协调是一种静态状态，是瞬时的平衡，主要强调当前或某个时间点一个系统所处的状态。而协调发展，则是一个动态的过程，强调的是发展过程从一个较低阶段过渡到另外一个较高阶段，其目的在于促进系统最终达到平衡状态，主要是指系统各个构成部分或者相互关联的部分之间能够相辅相成、彼此协调，充分考虑各构成部分、各个效益目标，作为一个完整的系统统一协调的发展。

对于城市基础建设可持续发展，一方面，过去人们较多地强调城市基础设施规模的发展，较多的强调各个子系统自身的发展，只追求速度、规模，或者各单体发展等单一的目标，而忽视了城市基础设施建设的整体性、协调性。另一方面，在其外部影响上，过去人们较多地强调其单一方面的效益，忽略了环境等方面的效益，导致虽然某方面效益较高但整体协调发展程度较低。城市基础设施建设要实现可持续发展必然必须要满足协调发展的特性，不能忽略各个子系统之间的协调性。对于城市基础设施，协调发展的重要标志是其各子系统之间同步发展，不能片面重视各个子系统自身发展、某方面效益、规模或者速度的发展，应在重视各个子系统自身发展、某方面效益、规模或者速度的同时注重城市基础设施各子系统协调发展，注重各方面效益协调发展，保障各个子系统协调发展，保障城市基础设施与城市经济社会环境相互作用，保障城市基础设施与城市发展保持协调。故要实现城市基础设施可持续发展的理想目标和美好境界，必须正确处理其内部各子系统、外部各方面效益的协调发展的关系，即城市基础建设不仅要保障与城市发展同步，其内部六大类子系统之间也要保持动态协调，整体和谐一致发展。

第二节　我国城市基础设施建设可持续发展现状及问题

一、城市基础设施建设可持续发展概述

（一）城市基础设施建设可持续发展内涵

城市基础设施自建设之始就不是孤立而存在的，而是作为支持城市增长的一个重要方面。城市增长是一个系统性的概念，包括经济、文化、娱乐、环境等方面，即城市的可持续发展。城市基础设施作为城市综合服务功能的重要载体，其建设和发展已经成为制约城市发展和影响城市规划分布的关键因素之一，应尽可能与城市保持同步协调发展。传统发展模式已经引发了诸如盲目投资、规划不合理、与城市经济社会环境不相匹配等诸多不可持续问题，严重制约了其健康发展，城市基础设施建设模式亟待改变。可持续发展作为一种新的发展观，被各个行业引入，在城市基础设施建设领域也越来越引起广泛的关注，以可持续发展理论指导城市基础设施建设，并进行有效的监管、评价和改进。城市基础设施建设可持续发展是"可持续发展"概念和该领域的交叉融合并派生出的一个词语，代表着一种全新的建设发展观，实质在于平衡好各个子系统之间的发展关系，平衡好经济、社会、环境三个方面的关系，只有从整体上充分考虑，做到整体效益相统一，才能真正实现城市基础设施建设发展的根本目标。对城市基础设施建设可持续发展概念的界定，既要是在可持续发展范畴之内，又要体现城市基础设施这一特定领域。对于城市基础设施，城市基础设施的建设运营改变了城市经济、社会和环境的原有形态，三者共同作用影响城市基础设施建设可持续发展，是经济、社会、环境三个维度的统一体。综合学者对城市基础设施建设可持续发展的定义，结合可持续发展概念，论文主要把城市基础设施建设可持续发展定义为城市基础设施建设在保障并促进城市经济、社会、环境发展的同时，能够满足与城市经济、社会、环境的协调平衡，其经济子系统、社会子系统、环境子系统三者能够保持协调一致发展，最终实现城市基础设施乃至城市持续健康发展。

城市基础设施建设可持续发展是经济子系统、社会子系统、环境子系统三个维度的统一体。在经济子系统方面，城市基础设施中有些部分能够参与各项生产直接带动城市经济

发展，其提供的产品和服务也为城市活动提供运行基础，支持和保障城市各项生产等经济活动。在社会子系统方面，城市基础设施提供了多样的物质基础，其建设和发展对满足人类的基本需要、提高城市居民生活质量、实现人的全面发展至关重要。在环境可持续子系统方面，城市基础设施建设能够改善目前城市出现的空气污染、城市垃圾、交通拥挤、水污染等主要环境问题，改善城市环境质量，提高环境可持续发展。

（二）城市基础设施建设可持续发展目标

从城市基础设施建设可持续的内涵可以看出，城市基础设施建设可持续发展包括经济、社会、环境三个方面。经济方面，城市基础设施通过整合人力、物质、资本、技术等资源使城市得以正常运转，推动经济向前发展，对其推动作用越强表明城市基础设施与城市经济发展越协调；社会方面，城市基础设施建设为城市居民提供更多更便利的生活方式和降低生活成本，改善城市居民的生活质量，对城市居民生产和生活产生重大影响；环境方面，城市基础设施建设能够解决空气污染、城市垃圾、交通拥挤、水污染等主要环境问题，为当代及后代人提供清洁的环境。因此，从这一角度出发，城市基础设施建设可持续发展的目标应该是满足当代人对城市功能和服务的需求的同时，促进城市经济发展、社会进步、环境友好。城市基础设施建设可持续发展总目标应该是这三个系统目标的加权平均和，其权重由各个子系统指标对总目标实现作用的重要程度来决定。因此，可以通过各子系统指标之间的协调与控制，使城市基础设施建设可持续发展总目标达到最优值。

城市基础设施建设可持续发展是一个复杂多系统的问题，作为城市综合服务功能的重要载体，城市基础设施的建设和运营改变了城市经济、社会和环境的原有形态，对城市经济发展、社会发展、环境发展等众多方面都产生重要影响，只有在于平衡好经济、社会、环境三个方面的关系，才能真正实现城市基础设施建设发展的根本目标。这就要求城市基础设施建设时不能片面重视城市基础设施某个系统或某方面效益的发展，必须保证内部各子系统、外部经济、社会、环境子系统同步发展，实现系统内在要素的有机统一，保障各子系统之间发展和谐统一。为此，只有城市基础设施建设统一规划、系统保持协调发展，在为城市经济发展和社会进步提供所必需的条件和服务的同时要注重对环境的保护，与此同时，城市环境得到改善后，又能提高城市竞争力，吸引更多外来人才和资金，推进城市基础设施建设，进一步提高其发展水平。因此，城市基础设施只要做到各子系统之间紧密协调发展，才能共同促进城市基础设施乃至城市可持续发展，从而实现最根本目标。

（三）城市基础设施建设可持续发展系统划分

从系统论角度出发，可知一个系统可以划分为若干个不同的构成成分即若干个子系统。城市基础设施本身就是一个包含六大子系统的大系统，在与外部联系作用时，又涉及经济、社会、环境三个方面，因此此城市基础设施建设可持续发展可以看作是一个复杂的、涉及多系统的问题。研究过程中可以运用系统论，把以实现城市基础设施建设可持续发展问题看作一个复合的整体系统，对影响城市基础设施建设可持续发展的各子系统及其要素进行整体性、系统性、综合性的研究。首先，将城市基础设施建设可持续发展视做一个整体系统，同时该系统又与外部紧密联系，与城市经济社会环境相互作用，可以划分为三个构成部分，即经济子系统、社会子系统和环境子系统。值得注意的是，各子系统之间相互影响，共同作用于系统整体目标，但是不同的子系统对总目标的贡献是不同的，各自分别代表其中某一个方面。城市基础设施建设走可持续发展道路，就是在保证三个子系统稳定发展的前提下，三个子系统之间也能够做到协调发展，即其各构成子系统之间作为一个整体能够和谐一致、动态协调发展的过程。在对我国城市基础设施建设可持续发展水平具体进行评价时，可以从两个维度来考察，即在考虑社会、经济、环境三个子系统的可持续发展状况的同时还要考虑三个子系统间的协调发展。

二、城市基础设施建设与城市可持续发展

（一）城市基础设施建设对城市可持续发展的影响

快速城市化带来很多难以克服的城市病，在加剧了城市负担的同时对城市环境也造成了重大影响，而城市基础设施在减缓城市病方面也占有重要地位。可以说一个城市的良性发展离不开功能齐全、布局合理、彼此协调的城市基础设施建设，城市基础设施无论是在促进城市经济增长、提高居民生活水平、还是在减轻社会贫困及改善环境条件方面都发挥重要作用，城市要实现可持续发展必须有一个完善的城市基础设施建设来支撑。

1. 城市基础设施建设对经济发展的影响

城市基础设施建设与经济可持续发展密切相关，其效益可渗透到城市各项生产和生活活动中。城市基础设施能够直接带动经济发展，城市基础设施中的很大一部分直接参与了生产，城市基础设施建设中的六大系统都以各自特殊的方式直接参与了产品生产。试想如果没有给水排水系统进行水资源的供给和城市污水的排放处理，如果没有城市道路的为产品或商品流通提供交通运输载体，企业根本就无法生产。实际上，在现代化生产过程中，几乎所有的生产都离不开电力、水、道路交通设施等物质条件。城市基础设施建设有时候虽然并没有直接参加城市各项生产活动，但也间接地影响了城市的经济效益。同时，城市基础设施能够提高生产效率，城市基础设施建设能够提高运输效率，降低运输成本，间接提高生产经济效益。综上，城市基础设施提供的产品和服务，一方面，为城市各项生产活动提供了一个良好的运行环境，对城市各项生产等经济活动起着支持和保障作用；另一方面，通过直接或间接参与城市各项生产活动，能够直接提高生产率，降低生产成本，进而影响经济方面的效益。此外，城市基础设施本身是产业结构的构成部分，它的建设不仅能够提高自身发展水平，同时还会带动其配套产业发展，促进产业结构转换，推动产业升级。

2. 城市基础设施建设对社会发展的影响

城市居民是城市发展的直接推动者，其自身的休养生息和基本社会需要得到满足才能更好为促进城市发展做贡献，城市基础设施提供了多样的物质基础和前提条件，城市基础设施的建设和发展对实现这一目标至关重要。首先，城市作为城市居民聚集和生活的场所，必须具备最基本的基础设施系统。同时，城市基础设施建设，尤其是能源供应系统、交通运输系统和邮电通信设施大大提高居民生活质量。能源供应系统服务对象不仅是生产，还有城市居民日常的生活，燃气、自来水等普及范围的扩大大大改善了城市居民生活质量；交通运输系统能够提供交通成本的相对较低公共交通，增加城市人均道路面积，还能直接提供就业机会，使城市变得更加宜居；邮政通信基础设施改变了人们联系方式，增强了人们的联系，加快了城市间的沟通，提升了城市的对外开放程度。另外，基础设施具有的非排他性的特征使得人人都有使用的权利，使居民能够自由的享受城市生活，能够促进社会的公平、可持续的发展，维持一个稳定发展的和谐状态。可见，城市基础设施建设能够在一定程度上影响社会可持续发展。

3. 城市基础设施建设对环境发展的影响

城市基础设施是城市系统的重要的人工环境，城市基础设施供给不足会直接导致城市生态系统的受到影响和破坏，制约城市的可持续发展，城市基础系统对城市环境可持续发展密切相关。长期以来，城市基础设施建设尤其是环保类基础设施已成为城市发展的严重制约因素。目前，我国城市空气污染、交通拥挤、水污染等各种问题爆发，很大程度上是由于城市基础设施建设发展滞后、与城市发展不协调等原因造成的。城市基础设施尤其是其中环保类系统建设例如城市能源、交通、给排水以及卫生和废物管理等基础设施水平是决定了城市环境水平的重要因素之一，例如水体污染状况基本取决于污水排水管道密度、污水处理能力和污水处理率、垃圾污染又与垃圾清扫量、垃圾无害化处理能力密切相关。城市环境一旦出现问题，不是短时间内就能解决的，环保类基础设施的建设能够慢慢改善城市环境。综上，城市基础设施建设能够增加城市公共绿地面积、增加城市生活垃圾无害化处理率等，大大改善城市环境质量，提高环境可持续发展水平。

（二）我国城市基础设施建设可持续发展现状

1. 经济子系统可持续发展现状

良好的城市基础设施能够提高生产效率并降低生产成本，但是也必须与城市发展相适应，过快过慢都影响基础设施系统与城市经济的协调发展。目前关于基础设施建设与城市发展的关系还没有一个统一的意见，但普遍认为基础设施与城市经济产出之前的关系属于正相关关系。很多指标例如基础设施建设投资与 GDP 的比值、城市道路长度、城市供水管道长度等都可以直接或间接反映基础设施与城市经济协调发展关系。

2.社会子系统可持续发展现状

城市基础设施社会子系统可持续发展主要是以满足城市居民的基本需要、提供基本的社会福利、改善和提高城市居民生活质量为目的。城市基础设施社会子系统为城市居民提供了多样的物质基础和前提条件，城市基础设施社会子系统可持续发展主要是城市基础设施建设在建设发展过程对城市居民生活需求、休养生息等方面的满足情况，例如是否增加了城市人均道路面积、是否扩大了能源普及使用范围等，强调是否能够为城市居民提供更多更便利的生活方式和降低生活成本。

3.环境子系统可持续发展现状

城市基础设施环境子系统可持续主要是以改善城市环境质量、提高城市居民生活环境为目的。城市化进程的加快给城市环境带来了很多负面影响，城市基础设施建设尤其是环保类基础设施能够增加城市公共绿地面积、增加城市生活垃圾无害化处理率，从而改善城市环境质量，提高环境可持续发展。近年来，环境卫生设施不断增加和完善，各城市主干道都增加了垃圾回收设备，新建了公厕，城市市容环境卫生都有一定改善。

三、我国城市基础设施建设可持续发展的现实困境

纵观近年来我国城市基础设施发展状况，可以发现我国城市基础设施总体规模迅速扩大，总体发展水平也在不断提高，城市基础设施薄弱的现象在一定程度上得到了缓解，在促进城市经济、社会和环境的可持续发展方面也起到了积极的作用，但是城市基础设施建设可持续发展依然存在许多的问题。

（一）城市基础设施建设可持续发展思想认识不足

当前，可持续发展这一名词经常见于各种文件和媒体，社会各个领域都在提倡可持续发展，可持续发展这一名词已被社会大众所熟知。然而，可持续发展的内涵是否被真正理解还存在很大疑问。事实上，目前普遍对可持续发展内涵的理解还存在一定的误区和不足。首先，目前普遍认为主要就是加强重视环境保护。过去我们一味注重经济发展，以牺牲环境为代价，忽略了对环境的保护。故当前普遍认为可持续发展就是在促进经济发展的同时重视环境保护。其次，目前提及的可持续发展主要还涉及国家、城市等相对宏观的方面，较少深入涉及城市基础设施建设等微观领域。在这一背景下，城市基础设施建设可持续发展很容易被大家错误认为是在促进其建设的过程中要重视对环境的影响。其实，城市基础设施建设可持续发展既不是片面的经济子系统、社会子系统、环境子系统单一系统的可持续，而应该是环境、社会、经济三个方面统一协调的发展，城市基础设施建设可持续发展也即同时保证经济、社会、环境三个维度平衡发展的能力最终实现其持续健康发展。宏观层面可持续发展的实现要依靠各个领域的可持续发展，城市基础设施是一个城市形成和发展的重要前提条件，城市基础设施建设可持续发展的相关研究也可为宏观层面实现可持续

发展提供研究基础，国家、城市宏观层面上要实现可持续发展，不可避免要先实现城市基础设施建设这一相对微观层面的可持续发展，而城市基础设施建设要实现可持续发展必须要确保全体社会公众对其思想有充分的理解和认识。然而，目前将其单纯地理解为在城市基础设施建设过程中注重环境保护是片面的、不足的，同时对城市基础设施建设可持续发展的关注度也有待进一步提高。

（二）城市基础设施建设与外部不协调

改革开放以来，随着经济的发展和人们逐渐认识到基础设施在国民经济、城市发展中发挥着重大作用，针对我国城市基础设施发展严重滞后的状况，我国开始弥补基础设施的缺口，加大了城市基础设施建设的投资，取得了很大成效，状况得到了较大改善。但是，在城市基础设施快速增长的过程中，出现了其建设与外部不协调的问题，也即与城市社会、经济、环境发展不协调的问题。首先，在与城市经济发展不协调方面，与经济不协调体现在城市基础设施建设水平超前或滞后于城市经济发展。城市基础设施建设速度超前或滞后都是不利的。一方面，城市基础设施建设超前于城市经济发展，无疑会造成资金浪费。同时，由于资金机会成本的存在，城市基础设施建设超前于城市经济也相对阻碍了经济发展。另一方面，城市基础设施建设滞后于城市经济，将会妨碍城市经济的发展，经济发展受到妨碍又会反过来作用于城市基础设施建设，直接导致城市基础设施建设资金缺乏。其次，部分城市基础设施建设也出现了与城市社会、环境发展不相适应的问题。城市基础设施作为支撑城市增长的一个重要方面，为城市发展提供了多样的物质基础和前提条件，随着城市的发展、城市化进程加快、人们生活水平逐步提高，人们对城市基础设施的需求越来越大、对城市基础设施建设水平的要求也越来越高。例如城市居民为了更便利的生活方式和更高的生活质量，要求道路面积、公交车辆数、燃气普及率、用水普及率等都达到一定的水平，但目前部分城市基础设施水平还难以满足人民日益增长的要求，城市基础设施建设与社会环境发展不相适应。

（三）城市基础设施子系统间发展不均衡

城市基础设施系统狭义上包括六大子系统，城市基础设施建设要实现可持续发展不能忽略任何一个系统的发展，只有各项城市基础设施保持动态协调，整体和谐一致发展才能保证城市各项生产活动的正常运营和健康发展。然而，目前我国城市基础设施建设大多只看重短期时间内的效益，忽视项目的长期效益。城市能源、交通、给排水以及卫生和废物管理等基础设施水平很大程度上决定了城市环境水平，目前我国城市出现的空气污染、城市垃圾、交通拥挤、水污染等主要环境问题，大多数都是由于城市基础设施建设速度缓慢、城市基础设施建设与城市发展不协调即环保类基础设施建设滞后于城市发展以及城市基础设施各系统建设不协调等原因而造成的。城市环境一旦出现问题，不是短时间内就能解决的，环保类基础设施的建设必须与城市发展相协调。然而，当前我国城市基础设施建设过程中普遍存在严重偏向具有短期经济效益明显即对城市经济增长作用更直接、效益发挥周期更短的生产性基础设施，如机场、道路、供电等，而对那些建设投入资金大、短期经济效益不明显的基础设施，如城市污水处理、生活垃圾处理、公厕等基础设施的建设。非生产性基础设施虽然投入大、短期经济效益不明显，但其直接关系到城市社会与环境可持续发展，这类基础设施建设严重滞后城市经济社会环境的发展直接导致了部分城市污染严重、城市自然生态环境恶化等。

（四）城市基础设施全寿命周期管理意识淡薄

当前，我国城市基础设施管理实行全寿命周期管理的意识淡薄。首先，城市基础设施建设具有花费大、生命周期长的特点，这一特点使得对其很难实行全寿命周期的管理思想。现实中经常是决策阶段决策中者按照自己的意识和意图决策项目是否可行，设计阶段中设计人员按照自己的理解和想法设计图纸，然后由施工者按图施工，运营和维护阶段则又由其他管理者实施。可见，城市基础设施建设全生命周期过程中各阶段之间严重脱节，各阶段中人员之间缺乏沟通，各阶段中人员各自只从当前所处阶段考虑问题，严重影响了城市基础设施建设的可持续发展。其次，我国绝大多数城市基础设施建设都存在过分着重建设阶段，轻视项目的决策、设计和运营维护阶段的问题。部分城市为了追求形象工程，在项目建设过程中不惜增加人员、资金等的投入，不仅造成资源浪费，还可能影响到项目的质量。其实，如果项目在决策阶段或设计阶段没有按照可持续发展的思想来决策或设计的话，很有可能出现项目盲目投资或投入运营不就必须对其进行改建、重建的情况，造成巨大经济浪费。其次，我国绝大多数城市基础设施建设还都存在重视项目新建，轻视项目的维护问题。由于项目新建可以直接作用于城市经济，拉动经济增长，项目维护却难以产生这样立竿见影的效果或无法带来直接的短期经济效益，现实中往往出现政府加大力度建设城市基础设施，而忽略已建项目效益发挥问题，如环境卫生设施破损、线路不通等，导致投入产出效率严重下降。

第三节　提高我国城市基础设施建设可持续发展水平的对策

当前，我国城市基础设施建设可持续发展仍然存在很多问题，还需要不断完善，国外城市基础设施建设的先进经验对我国城市基础设施建设可持续发展有着重要的启示作用。结合我国城市基础设施建设可持续发展的实际情况，通过阅读相关文献、参考国外先进建设经验，从宏观和区域两个层面对我国城市基础设施建设可持续发展提出对策建议。

一、宏观层面提高可持续发展水平的对策建议

（一）制定城市基础设施可持续发展战略及规划

当前，我国城市基础设施建设可持续发展的问题还没有得到足够的重视。我国政府应重视城市基础设施实现可持续发展管理过程中战略和规划的制定，为城市基础设施建设可持续发展提供一个稳定的平台和良好的环境，使其成为规范和约束城市基础设施建设的力量。

1. 制定可持续发展战略

首先，应完善城市基础设施尤其使环保类基础设施建设可持续发展的法制法规的制定，使其走上规范化道路。与以前传统的各子系统按照其自身发展情况各自分开制定相应战略不同，可持续发展视角下要求把城市基础设施系统作为一个整体来统一制定。城市基础设施可持续发展必须以实现城市三个维度的均衡协调发展为基本原则，把城市基础设施系统作为一个整体，从经济、社会、环境协调可持续发展角度来统一制定城市基础设施各系统发展战略。其次，需要培养一支高素质的人才队伍，成立专门的城市基础设施建设可持续管理机构，以城市基础设施建设可持续发展为目标和原则制定本城市基础设施可持续发展战略，对城市基础设施建设进行合理布局，保证城市基础设施系统统一协调发展，并对城市基础建设可持续发展状况进行考核和评价，保障城市基础设施的可持续发展。

2. 制定高标准的可持续发展规划体系

法国等欧洲国家城市基础设施在建设前都会制定完善的前期规划。城市规划是政府引导城市发展的重要规制手段，如果城市缺乏统一规划，很可能导致城市各功能系统布局失衡或衔接不力，综合协同能力变差。在城市化加速、"城市病"突出的情况下，制定高标准的城市规划尤其重要，必须综合考虑城市各功能系统结构，统一规划各系统建设，以减少"城市病"发生，实现城市的可持续发展。城市基础设施作为城市综合服务功能的重要载体，其建设和运营改变了城市经济、社会和环境的原有形态，对城市经济发展、社会发展、环境发展等众多方面都产生重要影响，对城市实现可持续发展意义重大。城市基础设施专项规划是基础设施建设的重要前提和依据，因此，城市基础设施建设规划必须遵循可持续发展理念，根据城市空间战略规划和城市总体规划的要求，编制城市基础设施可持续发展总体规划，在总体规划的基础上落实城市基础设施各系统专项规划。同时需要注意的是，编制专项规划必须按照一体化的要求，做到整体布局、合理设点，保障资源得到有效利用，避免出现重复建设。此外，城市基础设施各系统专项规划编制还需有一定的前瞻性。城市基础设施是城市建设的基本骨架和基础条件，对城市建设和发展起着先导作用，且城市基础设施建设周期一般较长，城市基础设施专项规划必须适度超前，保证能为城市发展提供长效性服务。

（二）城市基础设施建设协调均衡发展

城市基础设施建设可持续发展不能片面重视城市基础设施建设规模或者某个系统的发展，必须正确处理城市基础设施子系统之间、城市基础设施建设与城市经济社会环境发展的关系，实现城市基础设施建设的协调均衡发展。

1. 城市基础设施六大子系统协调均衡发展

城市基础设施是一个整体，只有各类城市基础设施保持动态协调，和谐一致发展才能保证城市基础设施可持续发展乃至城市各项生产活动的正常运转。长期以来，我国城市基础设施建设过程中普遍存在严重偏向具有经济效益更为明显的生产性基础设施，直接导致了部分城市交通拥挤、城市污染严重、城市自然生态环境恶化等。城市基础建设可持续发展必须以可持续理念为指导原则，坚持以人为本，围绕改善民生，加快促进城市基础设施水平全面提升。在建设经济效益显著的基础设施的同时兼顾城市污水处理设施、城市生活垃圾处理、城市公厕等环保类和公共性基础设施建设。这类基础设施虽然投入大、短期经济效益不明显，但是城市运作的物质载体，也是城市居民正常生活的重要基础，加强这类基础设施建设与投入，能够直接提升城市居民生活水平，改善城市环境。

2. 城市基础设施与外部协调发展

首先，在与经济发展相协调方面，城市基础设施建设与经济发展相协调其实就是两者之间要有一个适宜的比例。基础设施建设与城市经济发展的关系还没有一个明确的结论，但城市基础设施与经济产出是正相关的。良好的基础设施能够提高生产率并降低生产成本，进而影响城市经济效益，同样经济的增长也需要城市基础设施保持足够快的发展速度。因此，在与经济发展相协调方面可以借鉴国外发达国家的经验，同时结合该市自身的现状和战略规划，制定适宜的城市基础设施建设资金投资额。其次，在与社会发展相协调方面，与社会发展相协调的目的就是要提高人们生活水平。提高人们生活水平的基础设施主要是一些公益性基础设施，这类基础设施收益性差、甚至根本就没有收益，导致其建设速度相对缓慢。政府应牺牲短暂的经济利益，加大公益性基础设施的投资力度，促进社会进步。最后，在于环境发展相协调方面，目前出现的交通拥挤、城市垃圾、水污染等城市病大多数都是由于城市环保类基础设施建设比较落后而造成的。城市基础设施的建设必须充分考虑与环境发展相协调，可以通过认真做好环境影响评价、加大环保基础设施的建设力度、增加清洁能源的使用比例等来加强城市基础设施与环境的协调。

3. 城市基础设施经济、社会、环境子系统协调发展

可持续发展的目标在于社会、经济和环境协调发展，城市基础设施建设可持续发展也必须保障三个维度的均衡协调。城市基础设施走可持续发展道路就是在其建设过程中遵循可持续发展理念，以科学发展观为指导，树立整体效应理念，保证经济效益、社会效益、环境效益的高度统一。城市基础设施建设单纯地追求经济持续发展、社会可持续发展或者

自然生态环境的可持续发展都是不对的，应当是环境、社会、经济三个方面统一协调的发展。城市公益性和环保类基础设施虽然对城市经济直接作用效果不明显，但是城市居民正常生活和城市良好环境的重要保障，可以适当加大对公益性和环保类基础设施的投资力度，如在建设对经济拉动效应明显的基础设施的同时也关注城市污水处理设施、城市生活垃圾处理设施、城市公厕等基础设施的建设。只有保障经济、社会、环境三个维度均衡发展，才能实现城市基础设施建设整体效应和联动发展，最终实现城市基础设施建设的持续健康发展。

（三）提升城市基础设施管理水平

目前，很多城市基础设施建设中经常出现建设及管理相互脱节、重建设轻管理的现象。其实建设完成后管理水平的高低对提高城市基础设施可持续发展具有重要作用，甚至很大程度上决定了城市基础设施各系统的建设，必须推进城市基础设施建设管理水平。

1.加强城市基础设施全寿命周期管理

随着城市发展和城市基础设施缺口的弥补，城市基础设施应该从过分重建设的错误意识转变出来。可持续发展条件下城市基础设施项目的管理应该是全寿命管理，不仅包含项目的建设阶段，还包含项目的决策阶段、设计阶段、运营和维护阶段。城市基础设施一般投资大，涉及面广，项目决策阶段决定了项目建设是否需要，要认真完成项目建议书和可行性研究报告。同样，城市基础设施建设完成投入运营后，其持续周期相比建设周期更为漫长，此阶段管理水平决定了城市基础设施效益是否能够充分发挥，也决定了基础设施的投入产出效率。因此，城市基础设施管理不仅要重视建设阶段，更要加强项目决策、设计、运营和维护阶段管理水平，使城市基础设施管理贯穿其全生命周期。

2.加强城市基础设施信息化管理

在城市化进程不断加快的今天，信息海量化、网络互联化等使城市信息化建设成为城市管理的重要组成部分。城市基础设施管理信息化作为城市信息化的重要组成部分，正在渐渐发展成为城市基础设施系统管理和服务的重要手段。城市基础设施信息化管理不局限于某个领域或某个阶段，可以依靠互联网技术、地理信息系统、联机分析处理系统等建立动态监测系统、电子监察系统等，实现城市基础设信息化管理。信息化管理为城市基础设施管理指明了方向，城市基础设施管理信息化管理为城市基础设施建设可持续发展提供了有效的管理方法和手段，不仅降低了城市基础设施建设成本，而且提高了城市基础设施管理和服务水平。

（四）建立可持续发展预警机制

当前，我国大多数城市基础设施建设都是事后、被动的调控模式，也就是说，只有某类或某个系统的城市基础设施建设发展出现问题之后，才会采取措施进行控制。这种事后、被动的调控模式无疑阻碍了城市基础设施建设可持续发展，也带来了资源的浪费。因此，有必要改变当前的事后、被动的管理模式，需找一个全新的事前的、主动的管理模式，即建立城市基础设施建设可持续发展管理预警机制。城市基础设施建设可持续发展管理预警机制是城市基础设施过程管理的重要组成部分，也就是在指标体系的基础上，通过对过去和现在的数据、资料的搜集和处理，了解目前城市基础设施目前所处的状态或对其未来发展趋势和演变规律做出判断，尽可能早的发现城市基础设施建设可持续发展将要或可能出现的问题，以便及时制定相应的对策措施，防止或扭转不利局面。具体操作时，可以结合城市基础设施信息化管理，依靠互联网技术、地理信息系统、联机分析处理系统等建立动态监测系统、电子监察系统等对城市基础设施建设数据进行搜集，保证城市基础设施建设数据的及时、客观、完整，并对其所处的状态或发展趋势做出推断，根据结果提出相应预警对策。可见，这种模式改变以往城市基础设施建设可持续发展被动调控的模式，实现了事前、主动、动态调控。

二、区域层面提高可持续发展水平的对策建议

（一）保持东部地区基础设施稳定持续增长

为缩小区域间城市基础设施建设可持续发展水平的差距，我国四大区域间城市基础设施建设政策应该区别对待。我国省会城市、直辖市、自治区首府基础设施建设可持续发展水平评价结果显示：我国基础设施建设可持续发展存在东部地区水平中等、中部地区水平较低、西部地区和东北地区水平更低的趋势。当前，东部地区城市基础设施不论在规模还是在可持续发展程度上，都处于领先地位，在我国城市基础设施建设可持续发展起了良好的带头作用，东部地区应继续保持稳定的发展速度。值得注意的是东部地区城市经济发展较好，吸引了大量外来人才，城市人口密度和人口流动速度较大，相对来说更容易造成城市污染，使城市环境承受更大压力，所以东部地区城市应加强重视环保类基础设施建设。十八届三中全会提出允许社会资本通过特许经营等方式参与城市基础设施投资和运营，当前东部地区城市基础设施建设可持续发展水平相对较高，且城市经济发展水平较高，城市各项积累相对丰富，可以主张其城市基础设施建设所需资金尽量自筹，通过 PPP 融资等合作形式吸引民间资本介入基础设施建设领域，扩大民间投资，保障东部地区基础设施稳定持续增长。

（二）加快中西部和东北地区基础设施建设

尽管近几年中西部和东北地区基础设施建设投资力度加大，但仍与东部地区存在差距。我国中西部地区和东北地区由于经济发展水平、地理位置、自然条件等原因，城市基础设施建设可持续发展水平长期落后于东部地区。国家应加快对中西部和东北地区基础设施建设，加快实施中西部和东北地区基础设施建设政策倾斜，给予中西部和东北地区更多的财政资金支持，把加快中西部和东北地区基础设施建设放在更加突出的位置安排部署，改善

中西部和东北地区基础设施状况。与此同时，中西部和东北地区基础设施建设除抓住时机争取国家资金支持外，还应积极拓宽融资渠道，开放城市基础设施投资市场，通过 PPP 融资等合作形式吸引民间资本介入基础设施建设领域，为基础设施建设提供更多的资金来源，实现"互赢"或"多赢"。实践证明，城市基础设施建设具有"乘数效应"，即城市基础设施产业关联度大，带动作用强，能够带动建筑、材料、装备等相关行业的发展，为企业提供良好发展机遇，提供大量就业岗位，城市基础设施建设所带来的经济社会环境效益远远大于城市基础设施建设资金等的投入。可见，加快中西部和东北地区城市基础设施建设不仅能改善中西部和东北地区城市基础设施状况，提高中西部和东北地区经济发展水平城市竞争力，还可以缩小地区间经济发展和人民生活水平差距，吸引外来投资和人才，为中西部和东北地区城市发展提供长效服务。

为了实现城市基础设施可持续发展，促进城市可持续发展，本节针对影响和制约我国城市基础设施可持续发展因素，从制定城市基础设施可持续发展战略及规划、城市基础设施建设协调均衡发展、提升城市基础设施管理水平、建立城市基础设施可持续发展预警机制、东部地区基础设施稳定增长、加快中西部和东北地区基础设施建设方面提出了促进我国城市基础设施可持续发展水平的建议措施。

结　语

　　展望未来，我国工程建设的飞速发展，技术和思想的不断创新，理论和实践会越来越紧密的得以结合，市政工程项目的工程施工阶段质量管理工具、方式、方法和理念进一步地规范化和科学化，更好的帮助我国工程质量管理水平的提高。

　　而智慧城市终将是城市发展的必然趋势，并成为社会经济发展与人类文明进步的核心承载平台。信息技术的不断发展推动未来智慧城市更富有创造力、吸引力，成为智慧城市发展的坚实基础。未来，城市智慧化程度的不断提升需要更多城市管理者、建设者、运营者等多方资源的互通协同，基于集成化商业模式及未来新兴产业发展是今后值得深入研究的重要内容。